水体污染控制与治理科技重大专项
牡丹江流域水质保障研究系列丛书

科研课题过程管理研究与实践

——以水体污染控制与治理科技重大专项 "牡丹江水质综合保障技术及工程示范研究"课题为例

王凤鹭　赵文茹　宋男哲　编著

U0196545

中国建筑工业出版社

图书在版编目（CIP）数据

科研课题过程管理研究与实践：以水体污染控制与
治理科技重大专项"牡丹江水质综合保障技术及工程示范
研究"课题为例 / 王凤鹭，赵文茹，宋男哲编著 . —北
京：中国建筑工业出版社，2021.3
（牡丹江流域水质保障研究系列丛书）
ISBN 978-7-112-26030-0

Ⅰ.①科… Ⅱ.①王… ②赵… ③宋… Ⅲ.①水污染
防治—研究—黑龙江省 Ⅳ.① X522.5

中国版本图书馆 CIP 数据核字（2021）第 057145 号

责任编辑：石枫华　兰丽婷
责任校对：焦　乐

水体污染控制与治理科技重大专项
牡丹江流域水质保障研究系列丛书

科研课题过程管理研究与实践
——以水体污染控制与治理科技重大专项
"牡丹江水质综合保障技术及工程示范研究"课题为例
王凤鹭　赵文茹　宋男哲　编著

*

中国建筑工业出版社出版、发行（北京海淀三里河路9号）
各地新华书店、建筑书店经销
北京点击世代文化传媒有限公司制版
北京建筑工业印刷厂印刷

*

开本：787毫米×1092毫米　1/16　印张：6¼　字数：115千字
2021年4月第一版　2021年4月第一次印刷
定价：**30.00**元
ISBN 978-7-112-26030-0
（36590）

本书编委会

PREFACE

PREFACE

前言

　　科学技术是第一生产力，科学技术的进步推动社会的发展。科研活动的开展以及科研成果的取得都离不开科研管理。随着我国经济的蓬勃发展，国家对科研活动投入力度逐年递增，但我国的科研管理水平仍与发达国家存在较大差距。因此，分析科研管理的现状与问题，提出具体的改进与完善措施，能够提高科技产出的质量，提高科研经费的使用效益，有利于科技资源的有效沉淀。

　　作者所在单位承担了国家科技重大专项——水体污染控制与治理科技重大专项"十一五"期间的"牡丹江水质保障关键技术及工程示范"课题和"十二五"期间的"牡丹江水质综合保障技术及工程示范研究"课题。在这十年的科研过程中，积累了一定的管理经验。本书在查阅大量文献资料以及与科研管理相关人员讨论的基础上，结合实际管理工作经验，对科研管理现实状况进行了较为系统、全面的调查研究。以水专项课题研究实践经验为基础，以提高我国科研管理水平为目的，分析科研管理的现状、问题及其产生的原因，提出完善科研管理机制的对策和建议，挖掘科研管理潜力。

　　《科研课题过程管理研究与实践——以水体污染控制与治理科技重大专项"牡丹江水质综合保障技术及工程示范研究"课题为例》的编写过程中，得到了相关部门和同事们的大力协助，在此致以诚挚的谢意。在本书撰写过程中，参考了国内外公开发表的大量相关文献，在此，一并致谢。

　　本书涉及大量管理、财务、档案方面的内容，因作者在这些领域的知识和实践有限，这些内容如有编写不当之处，敬请广大读者批评指正。

编者

CONTENTS 目录

第1章
绪　论

1.1　背景及意义

　　管理是生产力的倍增器和放大器。没有有效的管理，技术、人才、设备都不能发挥力量。有效的科研管理是科研活动正常、有序进行的重要保障，能够增强科研实力、提高科研水平。科研管理是影响科研活动质量和效益的重要因素之一，也是关系到我国科技发展的重要因素。据有关专家分析，在我国只提高管理和现有设备不变的情况下，生产效率预计可增加一倍以上。

　　科研管理是管理学科的新领域。随着科学研究的社会化和分工的细化，科研管理逐步从科研过程中分离出来，并成长为现代科研体系中的一个独立管理部门。同时，科研管理也是科研活动顺畅进行的必要保障。所谓科研管理，就是遵循科技发展规律和管理学相关原理，为保证科研计划圆满完成，提高竞争力，而从项目申请立项论证、组织实施、检查评估、验收鉴定、成果申报、科技推广、档案入卷等科研过程中的各个环节实行制度化和科学化的管理，并对此过程中相关的人、财、物、信息等按照一定的管理目标，进行组织、控制，使之达到最佳完成程度。科研管理工作的性质，决定了它既与具体的科学研究不同，也与一般单纯的事务性、执行性的行政工作有所区别。究其实质，科研管理是一项兼顾科学研究规律与行政管理的复杂的社会工作，有它特定的功能和要求。仔细分析科研管理的内容，它包括各种科研规章制度的拟定、科研项目立项以及之后的管理服务，以及学科建设、学术交流等各种与科学研究相关的内容。而且，随着我国社会科学研究的不断繁荣，科研工作表现出各种新的特性，科研管理工作也将会随之发生改变。因此，科研管理工作是一项外延无限延展的创新的社会工作。

　　科研管理是科研事业的重要组成部分，是科研事业生存和发展的根本，它直接影响着科研事业的有序进行，关系到研究成果的产出和质量。加强科研管理工作，一方面可以加强资源配置、提高科研效率、降低科研成本，推动重大科研成果的产出；另一方面也能从管理中加强对比分析，明晰科研的优势与劣势，汲取先进的经验，实现科研后续发展。科研管理作为科研工作的重要推动力贯穿于整个科研过程，渗透在各个科研环节，对提高科研质量和水平具有重要的影响。对科研项目实行科学有效的管理是市场经济发展的要求，同时也是科研事业健康发展的保障。综上所述，科研管理的主要作用是保证及维护科研体系正常、有效地运转。

科研过程管理是按照课题的目标要求，对主要研究人员自身因素及外部因素诸多环节进行管理，其包括信息反馈、组织实施、检查与评价等内容，涵盖课题的前期、中期和后期管理。在实际的科研管理中，科研管理者关心的重点是项目的立项和结题，而对于项目的整个研究过程却缺少有效的动态监测机制，这种"重两头、轻中间"的管理模式已逐渐显现出其在科研管理工作中的弊端。为了确保项目的顺利实施，减少结题验收时的压力，提高科研质量，科研管理部门必须加强科研项目的过程管理。

国内外学者也开展了大量有关科研管理的研究，并取得了很多研究成果，但多数仅停留在技术管理或财务管理等单一方面，研究不够系统，或不够深入，或不具备普遍的指导性，且大都未与实际科研课题管理实例相结合。在实际的科研课题管理过程中，存在着大量技术、财务、档案管理等方面的交叉问题，这就需要统筹规划，协调管理。

作者所在单位承担了国家科技重大专项——水体污染控制与治理科技重大专项"十一五"期间的"牡丹江水质保障关键技术及工程示范"课题和"十二五"期间的"牡丹江水质综合保障技术及工程示范研究"课题。在十年的科研过程中，积累了一定的管理经验。综上，本书在借鉴前人已有研究成果的基础上，结合科研课题管理的实践经验以及相关调查研究，详尽阐述了科研课题的管理要素、管理过程和特点，旨在为今后的科研管理研究提供资料和理论借鉴。

1.2 国内外相关研究现状

1.2.1 国外相关研究

有效的科研管理是科研活动有序开展的保障。因此，科研管理问题一直是国内外关注的重点和热点。有专家指出，发达国家科学发展迅速其中一个重要原因就是对科研项目的管理实施了改革。发达国家为了加强科研项目的管理，提高科研管理的效益，实行了许多适合本国国情的管理方法，制定了相应的规章制度，并将科研管理列为重点研究对象，不断深化改革，从而提高科学技术水平，促进科学事业的发展。

同时，发达国家的科技成果转化率较高，达到80%以上。从发达国家科技成果转化的经验来看，科技管理体制直接关系着科技成果转化问题。在发达国家，企业在应用开发和基础研究中发挥着主体作用，企业给科研院所大量资助，使得科研开发与企业发展需求紧密地结合起来。与此同时，虽然政府财政科技投入规模较大，但是注重围绕产业发展需求进行组织方式的创新。一方面政府对国家重点实验室等进行稳定的支持，鼓励自由探索；另一方面为增强产业竞争力，通过重大科技计划的方式组织产业界与研究力量形成研发联合体，保证科技成果的创造满足市场需求，以及在产业发展中被应用。

美国、欧洲等发达国家和地区的科学研究在世界上享有很高声誉，并且在组织机构、交流平台、培训体系等科研管理方面体现出高度的专业化水准。这些国家的科研管理无论在理论上还是实践上都已相当成熟，形成了由学术组织、学术期刊、学术群体组成的科研管理学术领域，其专业化的管理活动极大地推动了科研活动的发展。

1.2.1.1　美国

美国的科技管理体制属于多元分散型，由行政、立法、司法三大系统参与国家科学技术政策的制定和科技工作的管理，其中行政系统涉入程度最大。政府通过制定科技政策与法律法规，配合科技研究开发经费的分配和研究项目的咨询等手段，对全国的科技活动施加直接或间接的影响。美国总统和国会制定国家总的科技政策，政府各部门为实现特定任务在编制科技政策和建设方面拥有很大的自主权。美国法律详细地规定了政府拨款项目的预算审核、运行监督和事后评估程序。

美国是世界上科技成果转化最成功的国家之一，它拥有健全的科技成果转化体系，对成果的归属、专利的授权、专利权使用费的分配方式、技术转让机构的设立、技术转让的激励措施等都作出了系统的规范。同时，多层次科技计划的实施、完善的法律保障及政府有效的管理也是影响美国科技成果转化成功的重要原因，政府部门在促进产学研合作中发挥了巨大的作用。

1.2.1.2　英国

英国政府实行严格的科技评价制度，内阁办公室设有科技评价办公室，政府各部门设有评价机构。评价工作从科研项目申请开始，到实施过程，以及已完成的科研项目成果，涵盖科研全过程。评价工作由评审委员会完成，评审委员会成员由该领域的著名专家担任。基础研究项目的评审主要采用"投入－产出"法，即将该项目研究人员在国内外期刊上所发表论文的质量和数量作为主要指标和依据，并有一系列专门的评价指标。应用科研项目的评审基本上是参照该项目的预定目标以及产生的实际效果作为主要衡量标准。对于重大科技计划项目的评审，尤其是跨部门的科技项目，大部分由聘请的独立专业评估单位来完成。

近年来，英国政府为了提高经费投入的使用效率，对经费的分配方式进行了改革，改革后其主要发展方向为增强科研经费竞争、择优选择、优胜劣汰。政府规定，各研究委员会在对主要战略性的研究经费和基本科学研究经费进行分配时，其他专业研究委员会和政府各部门的科研机构被允许前来申请，参与公开部分。在国防研究费的分配方面，允许民用部门科研机构来参与竞争，这改变了过去全部拨给国防研究机构的方式。大学的研究经费则是按照高等教育委员会制定的一系列评价指标来进行分配，即将大学内机构和院系按研究水平排名，以此作为95%经费分配的主要依据。

1.2.1.3 德国

德国采用联邦分权制科技计划管理模式，政府部门负责宏观控制，多种渠道支持科技事业，利用经费控制投资导向，采用指标体系评价学术部门的工作。这种科技计划管理模式具有以下几个鲜明的特点：

（1）科技计划目标性明确，具有现实意义。德国政府在科技计划项目的安排上有明确的目标和针对性，科技计划必须有助于增强经济竞争力，能保证创造未来的就业位置，对生态环境有保护作用，并能保持在国际上本领域的领先水平。

（2）完整的项目审批制度，审批程序规范。德国政府建立了一整套的政府审批制度：政府提出研究框架→项目单位申报→中介咨询机构提供服务、帮助筹划申报方案→评估机构进行审查、评估、提出批准方案→政府组织专家委员会研究审批。这期间的大量工作由非营利性的公益机构来组织负责，这些机构作为中介机构来对政府和公众负责。在中介机构的内部，按专业门类设立有相应的委员会或者部门，以此来保持对口专业领域的权威地位，掌握最新的领域研究动态，针对对口领域所上报的项目进行管理。

（3）政府部门适当放宽权限，减少干预，项目管理奉行公平、公开、公正原则。政府部门在这中间所起到的影响力很小，放手让中介组织、各领域专家来负责，以保证通过竞争的方式让最有实力的科研单位或者科学家获得资助。同时，注重项目的跟踪管理，对不能完成项目研究的单位施以重罚，采用这种调控手段保证了项目完成的质量以及成功率。

德国政府通过不断增加科技投资来作为增强科研活力、促进成果转化的重要手段。德国政府采取了一系列资助措施，来鼓励企业尤其是中小企业与科研机构进行合作开发活动，以此来加快科研成果向中小企业转移的速度，提高技术开发的针对性，提高科研成果转化的效率。这样做弥补了中小企业科研经费和人力的不足，同时也解决了研究机构的项目来源，还可以缩短科研成果转化周期。

德国政府还通过鼓励创办风险投资公司的方式，来促进科技进步、加快科研成果转化。风险投资公司由政府发起，主要任务是支持推广应用高新技术、支持高新技术创新企业的发展以及帮助中小企业提高竞争力。德国通过建立完善的数据库，高等学校接受企业的科研任务，为企业的生产需求服务。德国政府特别设立"研究奖金"，设立的目的是最大限度地动员高等院校和其他研究机构共同推动德国中小企业的创新活动，加强产学研合作，加速知识转移，以便把研究成果迅速转换为市场产品，激励德国经济界进一步加大对研究和发展的投入。

1.2.1.4 日本

日本科技管理体制的特点是围绕发展经济、增强国力这条主线来制定科学技术政策，科研管理体制采取"官民分立"和"部门分割"的方式。日本政府所属的研究机关、特殊法人、国立大学及其附属研究所等科研机构，由各省厅自主管辖；民间企业、私立大学和民营研究机关等科研机构的科研活动，完全由各机构自主管理。政府通过省厅等中间机构间接地对民间科研活动进行引导、调节和协助。

日本在项目选择过程中存在三个选择主体，即负责提出任务的政府部门、负责组织项目选择活动的学术组织部门、负责调研并提出研究方案的专门研究小组，项目选择非常严格。日本的科研管理主要以项目承担单位自行管理为主，因此项目承担单位在项目管理中的作用非常重要。项目的评价由资助方来执行，主要以项目的阶段性成果报告作为评价的主要依据。在结项评价中，既包括对研究开发项目的评价，同时也包括对研究机构及研究人员的评价。具体有：体系评价、目标评价、立项评价、经营评价、方法评价、场所评价、时间评价、创新评价、效益评价、进度评价、经费评价、人才评价。日本在科技评估过程中引入外部机制，实施了开放性评价方式，规定评估人员要有外部专家参加，在评估中必须反映国民意见。同时，日本十分重视科研单位的信用评价，其信用情况直接影响到未来的科研资助。

在经费管理方面，日本对预算的管理和监督是非常重视的。国家科技预算的编制过程是严谨、细致的，预算必须要认真贯彻执行国家的方针和政策。政府制定了《科学技术基本法》《科学技术基本计划》等国家有关科技的大政方针，规定了今后若干年科技的研究方向及其预算目标额度。在此基础上，各省厅制定"年度科学技术重点指南"和年度预算编制。日本政府有一套完整的项目管理评价体制和预算监督机制。项目一旦被确定，这其中的每一笔开支必须按计划执行，如果需要调整，则必须经政府主管部门的同意。项目进展情况要接受定期检查，发现问题要及时提出调整意见，以供下年度制定预算时参考。经费的管理由项目执行单位负责按计划执行，执行过程中除由本单位和上级主管部门的严格管理和评价外，国家还设有专门的国家审计员制度，以供科技经费的监管。

日本在科技成果转化上拥有比较成熟的经验和方法。日本政府从大学和国立科研机构的科研成果中选择与国家经济发展关系重要，同时也是企业化开发存在困难的科研课题，由国家出资，以委托的形式进行企业化开发。日本还设有区域研发资源活用计划，这是一种为了有效利用创新成果，经过"产学研"共同努力，使开发成果顺利地向区域企业转移的区域创新计划。在日本，"产学研"合作又被称为"产学官"，一字之差显示出日本政府在产学研合作中的重要作用。日本政府在产学研合作中起着宏观管理和组织协调的作用，为了加强科技发展和成果转化，日本政府制定了一系列政策措施以引导企业开发和成果转化，这些政策措施的制定使产学研合作有理有据，为产学研合作提供便利，为科技成果转化提供了更多可能。

1.2.1.5　澳大利亚

澳大利亚《联邦机构科学研究与发展项目高级管理实用指导手册》中，将科研项目根据规模大小、时间长短和风险程度的不同采取多样化的管理方法。对低风险、低机会、低影响的小型简单项目，在规划方面实行简单规划，在控制方面实行非正式控制，主要对项目节点、质量和预算进行简单跟踪，在评审方面主要对项目的发现和取得的"经验教训"进行形式上的评估；对于有一定风险、机会和影响的比较重要的项目，在规划方面实行包括风险分析在内的细节规划，在控制方面实行比较正式的进展报告和量化追踪，在评审方面对包括项目重点方面等环节进行比较正式的评估；对有重大的风险、机会和影响的大型重要项目，对其进行详细的实施规划、风险管理程序和效益实现规划，对常规重要节点进行评估，并由指导委员会对其进行外部输入性指导和评估，评审方面对项目交付和效益进行细节研究。澳大利亚对于科研经费的管理以 3 个月为间隔期采取分期审查拨款，科研项目承担单位负责会计监督和财务控制，项目结题后的经费必须要经过独立审计。

为提高国家的创新能力，建立符合新经济发展要求的创新体系，澳大利亚政府采取了一系列措施，增加对创新能力建设的投入，着眼于加强国家整体创新能力的提高，强调研究成果的市场化开发，提出将由政府对产业界的研究与开发提供支持，把工业、大学和政府之间的相互合作列入科技政策范畴。联邦政府相继出台了一系列优惠措施来鼓励企业增加研发投入，如新的税务减免和回扣政策、提供持续的财政支持、创造条件加速科研成果的市场化等。

1.2.2　国内相关研究

我国的科研管理研究起步较晚，但是经过多年来的不懈努力，已取得一定的进展。科研管理在科技体制改革后受到了逐步的重视，取得了大量的研究成果，发表了大量有关科研管理的论文，可归纳为以下几方面内容：

1.2.2.1　关于科研管理中存在的问题及对策方面的研究

近年来我国的科研管理水平得到了很大的提高，但是还存在许多有待解决的问题，李蕴、李家军（2007）从科研管理的实践出发研究了高等院校科研管理问题与对策，指出我国高校在科研管理平台建设、管理观念的更新、资金投入与运行机制及人才队伍建设等方面还存在着诸多问题，并提出了相关的解决对策及建议。唐明霞、朱海燕等（2011）以从事科研管理工作实际出发，总结了工作中存在的问题，提出了建立并完善科研管理激励机制、加强科研项目后期追踪管理以促进成果转化、加强对统计数据的分析和运用等对策，以提高科研管理工作成效。

1.2.2.2　关于科研项目评审管理方面

在立项管理方面，李阳等（2006）面向高校立项管理的问题，建立了项目立项过程的工作流模型，并以组件合成的方式设计了高校科研项目立项的工作流管理系统。孙新宇（2012）提出科研项目在科研选题的选择、科研评审专家的选择以及评审标准等立项管理方面存在主观性较大的弊病，缺乏一种客观的参考依据。他利用知识图谱的理论和方法，为高等教育领域的科研课题立项和管理提供参考资料和决策依据，为其他领域的科研立项管理提供一种借鉴的范式。

在验收评估方面，肖武（2016）总结了科研课题结题评审标准，以此来明确研究的方向，提升研究的水平。刘涛（2010）通过对 2006 ～ 2010 年 52 名科研课题负责人进行问卷调查的方法，得出科研精力投入、科研项目设计、经费、科研协作和激励机制等方面问题是影响按时结题的主要因素，提出为科研人员创造条件，在制定科研政策上加以倾斜，加强科研课题过程管理，完善激励与制约机制，多渠道筹措科研经费等建议。

1.2.2.3　关于科研管理模式的研究

宋永杰（2008）采用质量管理的过程方法将科研项目的全过程划分成为立项过程、实施过程和验收过程三个基本过程，并对这三个基本过程的控制要点与管理要求进行了探讨。方勇等（2014）按照"理论前提 – 理论基础 – 应用实践"的思路，在分析了全面质量管理理论对科研管理适应性的基础上，阐述了科研质量管理的理论基础，并从企业、高校和政府的角度梳理了全面质量管理在科研管理中的应用情况，并提出了今后值得关注的研究方向。侯祚勇（2018）提出原有的科研项目管理模式存在重申请轻管理、重研究轻经费、部门协调不到位、后续转化不连续等问题，需要通过建立和完善过程管理、经费监督、部门协调和延伸转化的新机制加以解决，从而进一步释放改革活力，充分发挥国家科技投入的效益。

1.2.2.4 关于科研经费管理方面的研究

周娜等（2010）提出将财务管理贯穿科研项目从申报、立项、实施到完成验收的全过程，来保质、保量、高效地完成项目实施，合理、有效地使用好项目资金。宋永会（2009）对科研经费管理的全过程进行了识别和分析，将科研经费的全过程划分为科研经费的筹集、分配、支出、结算四个过程，并对每个过程的特点和应注意的问题进行了探讨。

1.3 研究思路与内容

1.3.1 研究思路

本研究从我国科研管理现状出发，结合以往研究的经验和成果，从科研课题任务实施过程管理、科研经费管理、科研档案管理三方面，对科研课题管理存在的问题进行详细分析，并结合我国科研管理实际情况，提出采用过程管理的方式来保障科研的顺利开展。

1.3.2 研究内容

以水专项课题研究实践经验为基础，以提高我国科研管理水平为目的，分析科研课题管理的现状、问题及其产生的原因，提出完善科研管理机制的对策和建议，挖掘科研管理潜力。主要内容如下：

（1）介绍选题的背景和意义、研究思路和研究内容，以及国内外相关研究现状。

（2）介绍科研课题过程管理。

（3）任务实施过程管理，主要分为立项过程、实施过程、验收过程的管理，以及项目验收后的管理。

（4）科研经费管理，主要分为科研经费管理概述，科研经费管理现状及优化措施，科研经费预算与执行管理。

（5）科研档案管理，主要分为科研档案的特点、作用及意义，科研档案管理的现状，科研档案有效管理的方法与建议。

第 2 章
科研课题过程管理

科研项目管理是科研工作的重要组成部分，对提升科学研究水平有重要的影响。同时，科研项目管理又是一项复杂的系统工程，按项目进行的过程分为立项过程、实施过程、验收过程的管理以及项目验收后的管理；按项目管理的类别分为科研任务管理、科研经费管理和科研档案管理。

近年来，随着科研项目来源渠道的多样化和科研经费投入的不断增加，我国的科研实力显著提升。但在科研管理方面暴露出诸多问题，普遍存在科研任务管理"重两头、轻中间"，科研经费管理不到位，科研档案管理被忽视等现象，科研管理面临着越来越严峻的挑战。为了确保项目的顺利实施，提高科研质量，对科研项目实施全过程管理很有必要。本章概述了科研管理现状及存在的问题，介绍了科研项目过程管理，以及实施科研项目过程管理的目的和意义。

2.1 科研管理现状及存在问题

2.1.1 科研项目过程管理意识淡薄

长期以来，我国对科研项目管理通常采用目标管理方式，即科研人员经立项过程成功立项后，由项目负责人对项目研究过程实施管理，待项目完成后，对科研成果进行验收或鉴定。在整个过程中，科研管理者重点关心的是项目的立项和结题过程，而对于项目的整个研究过程缺乏有效的动态监测机制，这种"重成果轻过程""重两头（项目立项、成果申报）轻中间（项目实施过程）"的管理模式已逐渐显现出其在科研管理工作中的弊端。科研管理人员和科研人员忙着项目立项和应付结题，对立项后的指导不负责，监管力度不够，进度掌握不及时，实施管理不到位，目标完成效果不理想，项目延期问题突出，造成资源的大量浪费，弄虚作假的现象时有发生。

2.1.2 科研经费管理存在漏洞

科研经费支撑项目研究工作，科研项目与经费是一个有机的整体。但是项目管理和经费管理分属不同的管理部门，在实际管理中，科研单位在科研经费管理过程中配合度差，资源共享率低，科研管理部门不掌握科研人员项目经费使用的合理性；财务管理部门不了解项目申请以后及中后期管理的流程；资产部门不清楚设备、实验室的需求情况，导致设备重复购置现象较为普遍。而且，科研项目预算由科研人员编制，由于缺乏财务预算知识，也没有财务人员帮助指导，导致科研项目预算编制不合理、不科学，预算执行过程中调整随意等现象时有发生。

2.1.3 科研档案管理重视程度不够

科研档案管理是科研管理的重要组成部分，科研档案是科研活动的历史记录，是科研成果处于概念性阶段时的载体和存在形式，有效地科研档案管理与应用有利于提升科研水平。目前，科研单位存在重科研业务、轻行政管理的问题，普遍对档案管理工作不够重视。科研单位的科研档案管理的制度和规范普遍缺失或不健全，科研档案的管理目标模糊和程序混乱。

2.2 科研课题过程管理

2.2.1 科研项目过程管理

"过程"概念是现代管理最基本的概念之一，在《质量管理体系基础和术语》（ISO 9000:2015）中将过程定义为："一组将输入转化为输出的相互关联或相互作用的活动。"

过程管理方法具有与传统管理方法不同的哲理，其基本思想是：从"横向"视角把企业看作一个由产品研发、生产、销售、采购、计划管理、质量管理、成本管理、客户管理和人事管理等业务按一定方式组成的过程网络系统；根据企业经营目标，优化设计业务过程，确定业务过程之间的联结方式或组合方式；以业务过程为中心，制定资源配置方案和组织机构设计方案，制定解决企业信息流、物流、资金流和工作流管理问题的方案；综合应用信息技术、网络技术、计划与控制技术和智能技术等技术解决过程管理问题。

科研项目的过程管理即是套用过程管理在企业管理中的思路。科研项目过程管理是指按照课题的目标要求，对主要研究人员自身因素及外部因素诸多环节进行管理。其包括组织实施、信息反馈、检查与评价等内容，涵盖课题的前期、中期和后期管理工作。

2.2.2　科研项目过程管理的特点

2.2.2.1　全过程的管理

科研项目过程管理是对科研项目的全过程实施管理，体现在管理的全时段和全范围。

全时段是指科研项目生命周期的每一个时段，科研项目的生命周期包括立项过程、实施过程、验收过程，以及项目验收后的科研档案的建档与移交、成果鉴定与登记、成果报奖以及成果转化等。科研项目的全过程管理就是对科研项目进行连续的管理，发现问题及时解决，把问题在过程当中解决。

全范围是指所有参与管理的管理部门。传统模式的管理基本只涉及科技管理部门和财务管理部门。科技管理部门侧重于科研项目管理，制定科技计划，组织实施、协调、督促和检查科研项目进展等工作。财务部门侧重于经费报销、经费报表的填报、财务验收结题的数据归集及配合审计人员等。而科研项目全过程管理通过全范围的管理整合，各相关部门对项目管理提供专门的通道和管理人员，制定与科研项目管理相适应的内控制度，配备管理人员，把传统科研管理零散化、碎片化的管理整合成集科技管理、财务管理、资产管理、档案管理、人事管理等为一整套系统的管理框架。

2.2.2.2　科研与管理的全面互动

科研与管理的全面互动是指科研与管理的相辅相成。传统的管理模式中，管理人员不懂科研，科研人员不懂管理，科研与管理各司其职、各尽其责。经常出现这种现象：科研人员讲述着争取项目的不易和科研的辛苦，抱怨着管理的不合理；管理人员则被各种管理制度所约束，履行着管理职能，还经常被科研人员所误解。要想打破这种局面，就需要实施科研项目全过程管理，将管理与科研相连接，让科研与管理全面互动，将管理融入科研中，科研中贯穿着管理。

那么，过程管理并不是简单的对过程进行管理，而是将"过程"作为全新的认知工具和分析框架来管理运营科研项目。与此同时，将管理部门融入科研项目的全过程，来设计、实施、控制和优化科研项目执行过程的效果和效率。管理部门成为科研成果产生过程中的组织内成员，与科研人员共同创造科研成果，以审核、评价、鉴定等特殊活动推动科研项目形成预期成果，转化为生产力。因此，对科研项目实施过程管理，可从提升科研成果整体价值的诉求角度来构建项目承担方与管理方之间的沟通与分享机制，最大限度规避科研项目在科学认知与社会效用之间的脱节风险，从整体上提高科研项目活动的预期效果。

2.2.2.3　关键节点控制纠偏

关键节点控制是过程管理与目标管理的最大区别。实施过程管理，根据科研活动特点与规律，管理部门根据科研项目预期目标和实施计划，将项目执行期分解成若干个具有阶段代表性的关键节点，确定监测时间，准确采集、汇总和整理监测数据与进展信息，形成科研项目阶段进度与执行能力评价报告。在这些关键节点上，如果出现执行进度缓慢、实验方案偏差、经费使用有异等情况，可以采取过程管理纠偏措施，调整项目计划，确保项目在规定时间内进入成果终结性评估阶段。

2.3　科研课题过程管理的必要性

2.3.1　有助于提高科技产出质量

实施科研项目过程管理，有助于提高科技产出质量。随着现代科学技术的迅猛发展，每年都有大量的新知识、新技术、新理论涌现，因而要求科学研究要紧跟国际、国内最新发展趋势，力争有所超前和领先。在项目申请阶段，科研人员会根据申报要求积极地查阅相关文献资料，并认真分析国内外相关研究现状与进展；科研管理部门会积极与项目主管部门协调联系，指导科研人员按要求，准时上报相关材料。然而，当项目成功立项后，到了实施阶段，很多科研人员和科研管理人员会忽略项目实施过程的管理。在整个周期内，由于实施阶段时间较长，项目负责人和部分科研人员会忙于申请新的课题，大部分工作交给少数的几个项目参与人员去研究，未能对工作进行统筹安排和规划，未及时开展项目研究与技术攻关，往往对项目研究中出现的问题忽视搁置。而科研管理人员又开始协调新的项目申报，对已立项的项目则更多的是关注论文、著作及专利等指标的完成情况，而对科研项目实施的相关过程并没有起到应有的监督作用。这种对管理过程的不重视造成了对项目的阶段性及中期检查不到位，无法保证研究的质量，直接影响项目的按时结题。

对科研项目过程的管理可以使科研项目在不同阶段接受监督与质量控制，及时掌握项目的研究进展情况，当发现问题时能够及时采取相应的对策，排除障碍，必要时适时修改研究方案，确定新的研究路线以保持项目的创新性和前瞻性，进而提高项目科技成果的产出质量。

2.3.2　有助于科研经费的有效利用

实施科研项目过程管理，有助于科研经费的有效利用。与科研项目周期阶段相对应,科研经费管理也分为预算编制、日常经费使用的预算执行和结题审计验收三个阶段。对于科研经费的管理,不但要做好各个阶段的经费管理工作,而且科研活动经费管理的全过程要做到目标相关、政策相符和经济合理。实际工作中,科研经费管理还存在着很多的不足,如:预算编制不严谨,经费执行不严格,重点经费支出管控不到位等等。这些问题的存在,逐渐造成一些项目在实施过程中执行效率低,研究成果目标不明确,导致项目经费使用安排不合理;或者存在科研经费使用不当,导致科研项目整体的实施质量受到严重影响。

将科研经费作为管理的对象,对科研经费整个生命周期进行动态监管,让管理部门主动参与到科研经费的全过程当中,在项目执行期间利用各种手段统筹合理地安排经费使用,使得整个科研经费的预算、决算以及结题结账都更加合理有序,让科研经费得到合理、有效地利用。

2.3.3　有助于科技成果的有效转化

实施科研项目过程管理,有助于科技成果的有效转化。科研活动的开展,以及科研成果的取得,都离不开科学的科研管理工作。具体到每个单位,科研管理主要围绕项目以及负责项目的技术人员展开,是指从项目申请、立项论证、组织实施、检查评估、验收鉴定、成果申报、科技推广、材料整理归档的全程管理,既包括对人员的管理,也包括对项目的管理,且是一个相对动态的过程。其目的是使科研管理实行制度化和科学化,保证计划圆满完成,出成果、出人才、出效益,提高竞争力。由此可见,成果转化是科研管理的一个主要目的。

目前,我国科研成果转化率偏低。据统计,科技成果的转化率仅有 10%,比美国80% 转化率低了 70 个百分点。造成这种状况的原因有很多,其中一个重要原因是缺乏科研管理的整体规划和过程管理。

对科研项目实施全过程管理,从科研项目申报、实施、验收到推广应用,在整个过程中采取切实有效地措施,对科研项目实施动态管理,针对不同环节的特点采取有效的管理方式。在申报阶段,对申报文件的要求理解透彻,要做好对经费预算及技术、经济指标的梳理,并指导好申报工作;在实施阶段,要加强沟通协调管理,做好阶段检查及分析总结工作;在验收阶段,要做好相关材料的准备以及组织评审工作,同时做好成果登记、知识产权保护以及科研档案归档等工作;在推广应用阶段,要采取多种渠道、多种模式的合作形式,要加快构建产学研用合作机制,通过创新中心、战略联盟等多种合作形式实现科研成果的市场化、产业化,要跨行业、跨地区进行兼并重组,积极探索体制的创新与改革，进一步推进科技成果转化工作。

2.3.4 有助于提高科研档案的管理效率

实施科研项目过程管理，有助于提高科研档案的管理效率。科研档案形成于科学研究活动中，是在科研管理和实践活动中直接形成的具有保存价值的文字、图表、数据、照片、声像等各种载体并经过立卷归档的科技文件材料。加强科研档案管理对提高科学研究能力具有重要的现实意义。但是在实际管理中，通常对科研活动的任务实施管理和经费管理普遍重视，但对科研档案的管理工作重视程度不够，对科研档案管理的认识仍停留在传统的观念和方法上。虽然科研档案管理制度在不断地完善，但缺乏严格的科研档案管理制度和规范，档案归档文件资料不规范，档案保管利用基本还是采用传统的办法，基于信息化的科研档案资源匮乏，适用范围仍局限于对文档目录著录的查询。

对科研项目实施全过程管理可以系统地记录项目实施过程中各阶段产生的数据，对各类技术资料进行完整地保存，这其中既包括成功可行的技术方案，也包括失败不可行的技术方案，这些都是科技资源。这些被保存下来的科技资源可为今后的成果转化提供有力的技术保障，也可为后续科研项目的研究提供重要的信息保障。这样做不仅可以大大缩短后续相关科学研究周期，也避免了重复研究导致的资源浪费。

第 3 章
任务实施过程管理

科研项目的生命周期管理包括立项过程、实施过程、验收过程的管理，以及项目验收后的管理。准确把握各阶段的控制要点与管理要求，才能有效地提高科研项目的质量和科研活动的效益。

科研项目立项与验收过程由科研主管部门主导，实施和后续管理工作主要由承担单位负责。科研主管部门在科研活动中起着重要作用，主管部门不仅需要对科研项目全过程进行识别与控制，还需要对科研主管部门、承担单位、项目组进行统筹考虑和协调管理，这样做才能对科研项目实施有效地管理。承担单位要依据实施方案、任务合同书等按计划、分阶段完成研究任务，并按照主管部门的要求定期提交实施进展报告，接受中期或年度检查，项目实施期结束按要求完成验收工作，以及做好结题验收后的后续工作。

3.1 立项阶段管理

科研立项是科学研究或者学术研究前针对具体研究课题进行项目依据、资金、人员、研究方法、技术路线、预期完成标准等进行设置、论证的第一道程序。它是科研项目的起点，同样也是难点，立项过程是一个复杂的过程，涉及环节多且耗费时间长，立项的质量直接关系项目经费投入的产出效果。

科研立项是一个规范化的流程，有严格的规章制度约束，从主管部门制定科研规划、发布课题申报指南，到申报者提交申请书，经过评审专家对课题申请书进行审批，最终项目申请成为正式的项目。立项期间主管部门起主导作用，项目承担单位积极配合，这个过程要面对多项不确定因素，对决策要求高。

3.1.1 选题

科研选题就是从战略上选择科学研究的主攻方向、确定研究课题的过程和方法。选择题目是一件严谨的事情，所选的题目要符合资助计划的选题范围。"项目指南"对所资助的研究领域有明确的指导性和限定性，因此在选题前要仔细阅读"项目指南"来准确把握资助信息，做到有的放矢。

科研题目的选择要体现出研究的水平，对于基础研究课题，选择的题目要体现科学性、先进性和前沿性，要突出自己的新思路、新观点，理论性工作要与实验工作相结合，注意理论工作的实践验证；对于应用研究课题，要选择应用前景较强，并具备科学性或对国民经济有意义，能体现出经济效益或社会效益的课题。科研题目的选择要符合以下几个原则：

（1）创新性原则。科学研究是人类在不断地发现和解决新问题中认识世界与改造世界的运动过程。科研项目的选题要遵循创新性原则，就是指选题要有新颖性、先进性，有所发明、有所发现，其学术水平应有所提高，以推动某一学科向前发展。创新性原则反映了科学研究活动的本质特征，标志着在已有成果的基础上取得了新的突破，是科学研究成功的标志，也是科学研究的价值体现。

（2）需要性原则。需要性原则是指科研题目的选择应符合学科理论发展、技术创新发展或社会经济发展的需要。因此，在初步确定大体研究方向后，要对该领域国内外发展现状进行充分的调研分析，找出该领域普遍关注而又亟待解决的问题，从中选出适宜的课题，作为研究的方向。

（3）可行性原则。可行性原则是指在选题时要考虑现实的可能性，要确保所开展的科学研究的基础理论是正确的，技术路线是合理的，研究方法是科学的，否则无论这项研究如何先进、如何科学，没有实现的可能，一切也都是徒劳。

（4）实用性原则。实用性原则是指在选题时要考虑科研成果的实用价值。对于基础研究，应着眼于提高原始创新的能力，为建设创新型国家做出贡献；对于应用研究，应着眼于获得具体实用价值的新产品、新技术等；对于软科学研究，应着眼于为决策部门的战略研究、规划制定、政策选择、组织管理、项目评估等提供科学的论证和相对优化的方案。

科研项目的选择不是异想天开，不是为了能够吸引眼球或者容易被评上而盲目的选题。科学立项的选题要建立在"天时、地利、人和"的基础上。

这里"天时"指的是立项时要了解和掌握国家及所在地区科研工作的计划、发展方向、工作重点和科研要求及部署，要结合经济的发展和市场的需要。所选题目要符合当前需要研究的基础理论问题和现实中的重要问题，应具备学科前沿性和解决当下实际问题的贴合度。据统计显示，当前我国科研转化率低的问题一直存在，原因之一就是选题上脱离实际需求。因此，科研立项必须满足实际需求，联系实际，促使科研成果商品化、社会化，关注国际科技发展动态，掌握最新的科技信息，提高科研项目的意义和价值。

"地利"指的是研究者所具备专业理论知识、研究能力以及一定的研究基础。在实际申报过程中，经常发生这样的情况：申请者认为某个研究具有一定的研究价值和意义，便向相关主管部门申报立项。由于准备不足，考虑不周，基础薄弱往往申报失败。即便立项成果，在接下来的实施过程中，一定会遇到一些预料之外的问题，这些问题由于立项时的草率导致现阶段无法解决，最终造成课题无法完成。现在，对于课题的申报越来越重视申请者的前期成果支撑。前期成果是申报者研究实力的体现，对申报成功与否起着非常重要的作用。能够说明申报者在该领域的相关研究成果的积累和条件保障，以及实际承担课题研究的能力。

"人和"就是指研究团队的重要性。在项目立项评审时，根据申请项目的难易程度的不同，对申请人的资格和条件要求也不尽相同，研究团队的实力及组成也是评审的重要审查方面。越是高级别的项目，越是对团队组成有更严格的要求。这里不仅是指团队成员的成就及威望的高低，而是更看重团队结构对所立项目的适宜程度，科学合理的学历、年龄结构、研究领域及能力等方面情况，都是项目成功的重要保障。

3.1.2　编写申报书

选题确定之后，下一步工作就是编写申报书。申报者的研究设想、研究思路都需要通过申报书来表达，因此申报书的编写十分重要。科研项目申报书的编写是一个系统工程，既要完成申报书的规定项目，又要保证内容上合理性和逻辑性。编写时要体现学术性，使用书面语，不能口语化；文字要精练，措辞要准确，不能夸大其词；应使用第三人称口吻；要逐项按照要求填写，不能随意、模糊地填写；不要几个要点混在一起论述，更不要对回答不了的问题避而不谈；任何漏填、错填、不按要求填写、马虎、潦草都将影响评审效果。

申报书正文包括立项依据、研究内容、研究方法、创新之处、预期成果、研究基础、经费预算等主要内容。

3.1.2.1　立项依据

立项依据是确立项目的主要依据，是整个申报书的灵魂部分。申报者要紧紧围绕所选择的题目，结合自己之前的研究基础和他人在该领域的最新研究进展进行深入分析和论证，目的是引出进行此项研究的原因。因此，立项依据就是要说明所要研究的这个项目的目的，是为了解决自己或者他人在以往的研究中必须要突破但目前尚未解决的问题，并将解决此问题拟开展的研究思路说清楚。在这个论证过程中，还要体现出项目研究的创新和价值。

关于立项依据的撰写通常采用以下形式：首先从各方面叙述该研究的背景和意义，然后列举国内外该研究的相关研究进展，最后论述拟开展的相关研究内容。这种形式的立项依据具有一定的代表性，虽然它体现出申请者对该项研究的相关情况比较了解，但是对此项研究的理解和想法尚还欠缺，对拟开展的研究缺少令人信服的论证。

综上所述，在编写立项依据时，要运用严谨的逻辑发展过程和缜密、连贯、流畅的叙述方式，还要注意叙述中的衔接和转承。内容上要避免写成对研究领域的学术价值和重要性的论证，或者罗列国内外学者在该领域的研究历史和进展。立项依据应该是以自己提出的问题和思路为主线展开论述，论证过程要围绕项目的主线展开并贯穿始终，通过翔实有力的分析，清晰叙述自己的研究思路和想法，以及相较以往研究的创新之处，以此增强说服力。

3.1.2.2 研究目标、内容和拟解决的关键问题

研究目标是指申报的研究项目最终要解决什么问题及最终期望达到的结果。研究目标要明确、具体，可以量化表述的最好能够量化。

研究内容指为达到目标而进行的具体研究工作。研究内容的编写要具体，要与目标相互呼应，每一项研究内容都有其最终的研究目标。为了使论证逻辑严密，层次清楚，研究内容的顺序最好与研究目标相一致。

拟解决的关键问题指的是研究内容和目标所列举的问题中需要突破的关键问题。这是对研究内容的深入，而不是对研究内容的重复。拟解决的关键问题不宜太多，3～5点为宜。

3.1.2.3 研究方法、技术路线及可行性分析

研究方法应周密、具体、翔实，技术路线切忌模糊不清，应清晰明确，切中要害，说明该技术可以解决上述的研究内容和技术难题。研究方法应尽量选择经过了实践检验的研究方法，然后再根据项目研究的需要增添新的方法，能做到经典方法与最新方法的结合是最为理想的。

技术路线是指项目申请者对所要达到的研究目标而准备采取的技术手段、具体步骤以及解决关键性问题的方法等在内的研究途径。技术路线应尽可能详尽，每一步骤的关键点要阐述清楚，并且要具有可操作性。技术路线一般是指研究的准备、启动、进行、再重复、取得成果的过程。

可行性分析一方面要从学术角度重点论述该项目在理论上是否可行，研究方法和

技术路线是否科学、是否可操作，能否保证研究目标的顺利实现等，另一方面要说明承担单位在人、财、物等条件上对项目研究的保障。可行性分析要从研究队伍、研究条件和学术思想等全方面体现综合的优势。

要将研究目标、内容及方法形成一个完整的体系。研究内容最终要服务于目标；研究目标是提出的所有预期假设的答案；研究方法是目标实现的手段；研究目标通过内容加以分解，而内容是目标的结构性呈现。

3.1.2.4　创新之处

创新之处是在学术思想、学术观点、研究方法等方面的特色和创新，应体现在理论、资料和方法等方面。创新之处是该项目研究与同行相比独有的地方，这种独特和创新不是凭空想出来的，而是从项目的立项依据、研究内容、研究方法、技术路线等方面进行概括、提升出来的。项目的创新之处不宜太多。过多的创新之处易产生不实之感，还会掩盖真正的亮点。

3.1.2.5　预期成果

预期成果是指在项目研究之前预想的研究成果，应说明研究成果的形式、使用去向及预期社会效益等，其形式一般可以是专著、研究论文、研究报告、设备、研究工艺等。在撰写预期成果时如果能确定最终的成果形式，要在申报书中交代清楚。如成果是论文，那么要写明发表几篇论文，是哪个方面的论文；如申请专利，则应写明专利的数量以及是发明专利还是实用新型专利。

3.1.2.6　研究基础

研究基础包括前期工作基础、研究条件、已承担科研项目情况、申请者及其成员的学术背景、学术水平、专业素养等。重点介绍和详尽列举与所申报项目有关的研究工作积累，实事求是地反映优势，突出水平。

3.1.2.7　经费预算

项目经费预算应合理、详细。越是高级别的项目，对项目申请经费中支出的各项条款越要有明确的用途说明，并且在执行过程中要严格按照项目申报书中的经费比例支出。这就要求在项目申报时，要考虑项目主管部门能给予的经费支持额度，合理申请项目金额；要准确估算各科目的费用支出，比例要合理。

3.1.3　评审

申报书提交后接下来要进行项目评审。科研项目评审是指项目主管组织或委托第三方机构组织相关领域专家按照规定的程序、办法和标准，对科研项目进行咨询和评判的活动。科研项目评审是科技计划管理的重要工作，是推动科技事业持续健康发展，促进科技资源优化配置，提高科技管理水平的重要手段。

评审专家一般是根据申报项目所属领域从项目专家库中随机挑选，这其中若遇到评审专家与申请人、参与者存在近亲属关系的，评审专家其本人在同期所申请项目与被评审项目相同或相近的，评审专家与申请人、参与者属于同一单位等等具有其他利益冲突或可能影响评审公正性的情形，评审专家应及时主动提出回避申请，并服从有关安排。

评审专家对申报的科研项目起到审核、评估、扶持的重要作用。首先要审核申报项目是否符合项目申报要求，是否符合逻辑，是否存在基本常识错误。下一步根据专家擅长的专业领域评估申报项目的合理性、可行性、创新之处等。最后是扶持，专家结合自己专业领域，对所申报项目予以指出并帮助修改，并不是一味地否定。评审阶段要给专家提供充分的评审时间，以便客观、全面地对所评审项目提出意见并及时反馈。评审专家的意见是科研项目评审结果的公正性、准确性和合理性的重要保障。同时，评审专家的认知能力、学术水平、道德修养、诚信因素直接影响科研项目评审的结果和质量。当申请人对项目申报、受理、评审等过程存在异议时，可根据相关规定向项目主管部门提出申诉。

有的科研项目申请需要经过"指南编制与论证——五年计划编制与论证——项目建议书编制与论证——年度建设计划编制与论证——开题报告编制与论证——年度建议计划编制与论证"，整个过程存在大量交叉与重复工作，整个过程甚至需要几年的时间，每次论证都要申请者及团队汇报、答辩。事实上，立项时严格把关的初衷是好的，但立项的环节并不是越多越好，对研究目标、成果、年度计划等不定因素的把握要适度，不必在此耗费大量精力，而应加强立项后的管理。

3.1.4　任务合同书的签订

立项过程结束的标志就是主管部门与承研单位之间签订的科研协议，主要为任务合同书或协议书等形式。任务合同书将双方达成一致的内容落在科研协议上，确立了双方权利义务，标志着前期工作圆满结束，具体实施工作即将开始，这是个承上启下的时刻。协议签订后，主管部门就要按照协议约定方式拨款。为避免造成项目实际执行起始时间模糊，应在科研项目的起始日期前签订科研协议，否则会导致检查或验收的时间很难按照计划进行。项目协议签订之后，需要与外单位合作的项目，均要参照项目协议及有关合同管理办法与合作单位签订合作协议书，以此来明确双方承担的任务、经费、完成时间等事宜。

3.2　实施过程

实施阶段是将申报时的设想转变为现实的过程。同时，实施阶段的科研管理是科研项目成功的重要保障，这个阶段的科研管理即将所有与科研项目有关的人力、物力、财力发挥其有效的作用，以确保科研项目的顺利完成。

3.2.1　实施方案的制定

科研协议签订后，项目负责人应组织项目组成员对实施过程进行规划，并进行充分的讨论、修改，最终形成项目的实施方案。实施方案的主要内容应包括：研究内容的分解及完成的时间节点，具体的实验方案，人员分工情况，经费使用计划，技术、效益及风险分析等等。实施方案要落实在书面上，它既是整个科研实施过程的设计和指导，又是项目监督检查、评估验收的依据。对于规模大的研究项目，有必要对每部分研究任务都制定详细的实施方案。

在制定实施方案时要做到具体、周全，制定一份科学、详尽的实施方案等于完成了项目研究的一半。实施方案中的重点部分是实施的"方法"和"步骤"，整个项目团队依据实施方案的"方法"和"步骤"按部就班的实施，直至研究结束。实施方案好比一张设计图纸，施工人员只要按照图纸施工就能完成整个工程。

3.2.2　科研队伍管理

科研项目由一位负责人统领全局，其他成员分工明确，各司其职，共同完成。科研团队的构成、能力、素质直接影响科研项目的完成情况。因此，对科研项目的管理，其实也是对科研团队的管理。

3.2.2.1　项目负责人

项目负责人是科研项目的核心，是影响科研项目质量的关键因素。作为项目负责人，一定程度的科研水平是对其的基本要求，还有具备准确把握学科发展方向的能力，同时要具备较强的人格魅力，能够召集优秀人才组成科研团队，并形成较强的团队凝聚力。

项目负责人在科研项目的整个周期内充当着设计者、组织者、实施者、监督者、推广者等多重身份。

（1）设计者。项目负责人通过了解国内外研究动态，结合自身的研究基础，设计产生整个项目和项目的研究方案。

（2）管理者。项目确立后，项目负责人对项目起到组织、协调、监督的作用。项目负责人要使全体参与者知道并理解项目目标，分解研究任务，掌控项目进展，负责项目质量；项目负责人负责项目实施过程中所遇到各种问题的分析、判断并作出决定；项目负责人负责项目的进度监督、质量监督以及经费执行监督等。这就要求项目负责人对内要协调好团队内部各项活动和人员之间的关系，对外能处理好与管理部门、相关单位的关系和相关事务，使与科研活动相关的各种人、事、物之间的复杂关系和谐化。

（3）推广者。项目负责人要负责将科研成果推广出去，促进成果的转化。

3.2.2.2　科研团队管理

科研团队是由一定数量的拥有不同专业知识技能的专业人员组成，为了共同的目标而相互作用、相互承担责任的一个正式群体。科研团队的管理是建立健全完善的团队管理机制，防止团队因职责不清而产生效率低下的问题；优化科研团队的组成结构，包括专业结构、年龄结构、研究经验和工作风格等，以发挥团队的整体效应；构建合理的任务分配制度，避免因分配而产生的不必要矛盾；构建和谐的团队精神，强调集体观念，团结协作，促进彼此间的共同进步；加强科研团队的绩效评估体系建设，以提高团队内部积极性。

3.2.3　实施过程的检查

检查是实施过程控制的主要方式。主要是针对项目的研究进展情况、项目计划进度的执行情况；项目内容完成的情况；项目经费使用及配套经费的落实情况，考核项目经费开支的合理性；项目承担单位的组织管理情况等。按检查的时间段可分为季度检查、年度检查、中期检查等；按形式可分为提交实施进展报告和专家评审会等方式。检查的次数并不是越多越好，频繁的检查会使所提交材料大量重复，更新内容太少，不能说明什么问题。而且，频繁的检查会增加科研人员和管理人员的负担，进而将大量时间浪费在应付检查上，导致科研研究的时间得不到保证，得不偿失。

那么，如何才能实现检查的效果，达到推动项目进展的目的？关键在于如何保证检查的结果。方法决定结果，科学、合理的检查方法直接影响检查的结果。对于科研项目实施过程的检查可采用逐级检查的方式，应用这种方法可以对各个部分的内容进行检查，且省时高效。具体的方法为：依据项目研究的逻辑结构，每个子项目的负责人向其高一级负责人汇报，高一级负责人将下级的汇报情况汇总后向更高一级的负责人（项目负责人）汇报，最后由项目负责人向主管部门作汇总汇报。对于检查的形式，可组织召开项目阶段性专家评审会，对项目的进展情况、阶段性成果及预算执行情况进行评审。评审专家要对执行过程中存在的问题进行质询，并给予专业的指导，使项目组能够根据专家意见及时调整研究方案，为接下来的工作把握方向，确保项目顺利实施。

对科研项目采取实施过程检查可及时有效地掌握项目的进展情况，对实施过程中发现的问题能及时采取相应措施，排除障碍，必要时可根据实际情况调整研究方案，确定新的研究路线以保证项目的顺利完成。

3.2.4　科研经费的管理

科研经费管理的核心内容为预算的合理性、拨款的及时性、执行的严肃性、结算的准确性这四个方面。加强科研经费管理，对科研经费进行合理预算、全程监控及结果评估等，保证科研经费最大限度地投入科学研究中。科研经费管理在本书第 4、第 5、第 6 章中有具体论述。

3.2.5　科研档案的管理

科研项目的实施过程中会产生阶段报告、研究报告、实验报告、实施方案、图纸、文件等等。这些技术文件，记录着科研活动的过程与结果。在项目的执行过程中应及时对技术文件进行收集、整理、编号、保存，分阶段或在项目验收后移交档案部门。

科研档案管理是科研管理的重要组成部分。科研档案既要完整、准确地反映科研成果及其形成过程的全貌，又要对之后的科研工作起到指导和借鉴的作用。科研档案记录的内容是重要的，形式是多样的，可以是纸介质，也可以是音像、光盘等其他介质。在项目的执行过程中要及时对技术文件进行系统整理，及时归档保存，并按照相关要求逐级移交。科研档案管理在本书第 7 章中有具体论述。

3.3　验收过程

项目验收过程由项目主管部门组织，是针对项目完成质量、成果产出、是否达到预期目标、产出的经济效益和社会影响进行测评的过程。一般情况下，验收工作应在项目执行周期结束后 6 个月内完成，原则上，延期时间不超过 1 年。

3.3.1　验收材料的准备

科研项目任务验收需要准备一整套的材料，一般包括：项目研究形成的研究报告（包括技术报告、自评价报告等）、成果汇编材料、相关证明材料等，以及立项材料（包括立项批复、任务合同书、实施方案等）。其中，研究报告是验收评审的重点，是考核和评价课题研究质量的重要内容。

（1）研究报告的格式要规范，语言要准确，体系要完整。研究报告的格式要严格按照相关要求完成。格式是研究报告给评审专家的第一印象，一篇格式混乱的报告会让评审专家对研究报告失去兴趣，甚至会对整个科研项目的严谨性产生怀疑。研究报告要使用陈述性、报告性的语言，文字要简洁流畅，语言表达要准确，切忌累赘、重复，不要使用经验总结式的语言。研究报告的体系要规范，报告中各章节之间和章节内的标题及顺序要形成完整、缜密的"思维链"，各级标题之间要互相支持，联系紧密。研究报告一般没有统一的提纲，通常情况下首先要论述研究背景与意义、国内外研究进展、主要研究内容、考核指标、技术路线等。接下来是具体的研究内容，分别论述关键技术研发进展及示范，然后是研究成果、存在的问题和建议，最后还包括参考文献及附录等内容。

（2）研究成果是研究报告的核心内容。研究成果直接反映课题的完成质量，课题的成果的应用推广价值及取得的经济、社会和环境效益等等。这部分文字占总篇幅的一半左右。

研究成果要包括理论成果和实践成果。这里的实践成果是指通过该科研项目所开展的具体科研活动，在哪些方面得到提高和改善，发表论文数量，申请专利数量，获得的奖项等。这些是科研项目的实践成果，但是只有实践成果是不够的，因为仅从实践成果中无法看出研究成果所具备的借鉴和推广价值。因此，在科研项目的研究成果中还需要理论成果。这里的理论成果是指通过科研项目研究所得到的新观点、新认识、新策略等。这些"新"的理论成果恰好与"研究目标"或"研究内容"中所预期的成果密切相关。

研究成果要体现研究目标。有些科研项目下设有多个子课题，每个子课题都有其各自的研究目标和研究任务。那么，在研究成果的表述中，不只是把子课题的研究成果罗列出来，而是要将所有子课题的研究成果进行提炼和归纳，最终得到的研究成果要体现出大课题研究的目标。

3.3.2　验收方式

科研项目验收的主要方式有书面验收和会议验收。小型项目适合采用书面验收的方式，即由专家审核验收材料。大型项目更多地采用会议验收的方式，项目验收要对项目成果的真实性进行严格审核，因此必要时可安排现场调研和考察。对于有示范工程的科研项目，还要对示范工程开展验收。示范工程验收可采取会议审查、现场调查和资料查验等相结合的方式，它是进行正式验收的前提和基础。

科研项目验收一般由课题承担单位组织对子课题验收，项目主管部门组织对课题验收。采用这样逐级验收的方式既可以保证对每个子课题完成情况的检查效果，又可减轻管理部门在时间和技术上的负担。

3.3.3　验收意见

验收意见是对项目的完成情况、指标的达到情况、资料整理情况进行评价。验收意见最后需要有明确的验收结论，即通过验收、暂缓验收或不通过验收。对于暂缓验收的项目应明确暂缓验收的原因和下次验收的时间；对于未通过验收的项目应组织分析原因，对在项目实施过程中失职、渎职，弄虚作假，截留、挪用、挤占、骗取资金等行为，按照有关规定追究相关责任人和单位的责任；构成犯罪的，依法追究刑事责任。验收后主管部门还应出具一个明确的结题通知，以明确宣告该项目的结束，项目经费可进行最终清算。

3.3.4　科研信用评价

科研信用评价作为社会信用的重要组成部分，是指从事科技活动的人员或机构的职业信用，是对个人或机构在从事科技活动时遵守正式承诺、履行约定义务、遵守科技界公认行为准则的能力和表现的一种评价。《国务院关于改进加强中央财政科研项目和资金管理的若干意见》（国发 [2014]11 号）明确提出，要建立覆盖指南编制、项目申请、评估评审、立项、执行、验收全过程的科研信用记录制度，建立"黑名单"制度，将严重不良信用记录者记入"黑名单"，阶段性或永久取消其申请中央财政资助项目或参与项目管理的资格。同时，承担单位的信用情况还影响项目结余资金的使用。11 号文中明确规定，项目完成任务目标并通过验收，且承担单位信用评价好的，项目结余资金按规定在一定期限内由单位统筹安排用于科研活动的直接支出，并将使用情况报项目主管部门；未通过验收和整改后通过验收的项目，或承担单位信用评价差的，结余资金按原渠道收回。

《国家科技重大专项（民口）管理规定》（国科发专 [2017]145 号）中明确规定，要建立科研信用管理机制。要根据相关规定，客观、规范地记录重大专项项目（课题）管理过程中的各类科研信用信息，包括项目（课题）申请者在申报过程中的信用状况，承担单位和项目（课题）负责人在项目（课题）实施过程中的信用状况，专家参与项目（课题）评审评估、检查和验收过程中的信用状况，并按照信用评级实行分类管理。建立严重失信行为记录制度，阶段性或永久性取消具有严重失信行为相关责任主体申请重大专项项目（课题）或参与项目（课题）管理的资格。

3.4 验收后续工作

科研项目验收完成后并不代表项目已全部结束，科研项目全过程管理还应关注验收后的管理工作。作为项目的承担单位，验收后应加强档案、成果、知识产权、开放共享等管理，持续做好相关工作。作为项目的主管部门，验收后应加强项目验收与专项成果、知识产权、档案管理的有效衔接，促进成果转移转化、资源开放共享。

3.4.1 档案建档与移交

项目验收后，要将形成的项目技术文件和记录完成归档，并完成移交。不同的科研项目应有不同且具体的档案移交要求。例如，《国家科技重大专项（民口）档案管理规定》中要求，重大专项各级管理机构及项目（课题）承担单位依据档案管理职责分工及相关规定，对重大专项各实施阶段产生的应归档的文件进行系统整理，及时归档保存，并按照"重大专项档案归档范围表"要求逐级移交。移交档案时，应按照国家有关标准，同时移交纸质档案、电子档案并附档案材料清单，经档案接收单位审核后，双方履行签收手续。重大专项涉密档案管理严格遵照国家相关保密法律法规执行。

3.4.2 成果鉴定与登记

科技成果鉴定可判别科技成果质量和水平，促进科技成果的完善和科技水平的提高，加速科技成果推广应用。根据科技成果的特点，可选择检测鉴定、会议鉴定、函审鉴定的形式。科技成果鉴定的主要内容为：合同或计划任务书要求的指标是否完成；技术资料是否齐全完整并符合规定；应用技术成果的创造性、先进性和成熟程度；应用技术成果的应用价值及推广的条件和前景；存在的问题及改进意见。

科技成果鉴定是科技成果管理的第一步，是科研成果可供推广的标志。作为科研单位的科研管理部门要及时了解项目完成情况，适时组织成果鉴定，并要严格把握成果鉴定的质量关。对计划组织成果鉴定的项目，科研单位内部可采取组织专家预审的方式，重点围绕成果的创新性、先进性、可行性等方面进行评价，对不够条件的缓评或不评，够条件的进一步完善鉴定材料，提高鉴定的质量。

科研项目经成果鉴定后应尽快进行成果登记，这样做有利于保护自主知识产权，同时便于日后进行奖项的申报。

3.4.3　成果报奖

科研成果通过奖项的申报可激发科研人员的积极性和创新能力，提高科研水平，从而推进科技事业的发展。那么，要想使研究成果得到相应的奖励，科研管理部门和项目负责人要认真领会相关科技奖励办法，做好组织申报和材料撰写工作。

3.4.4　成果转化

通过科研成果的应用转化，可充分发挥国家科技投入的效益。但是，多年来我国的科研成果转化率普遍很低，究其原因主要是由于科技成果转化机制不健全；科研成果自身与市场需求脱节；缺乏有效的技术市场中介和一批高素质的技术经纪人队伍；缺乏合理的、科学的科技成果评估标准和利益分配机制等。科研管理部门和科研人员在重视提高科研质量和水平的同时，应重视科研成果的转化及应用。

对科研项目实施全过程管理可以避免产生重立项、轻实施过程、后续成果转化不连续等问题，可为顺利完成研究任务、加速成果转化创造有利条件。

第 4 章
科研经费管理概述

近年来，国家及各级政府部门对科研经费投入日益增长，资金来源渠道日益多元化，科研经费管理也面临许多问题。认真分析科研经费管理工作中存在的问题，加强科研经费管理工作，保障资金的安全，提高资金的使用效率，让资金发挥应有的作用是科研单位需要重点关注和解决的问题。本书第 4 章、第 5 章、第 6 章基于对科研单位的调研以及科研课题管理经验，首先对科研经费管理进行了概述，然后分析了科研经费管理的现状和问题，并提出了相应的优化措施，最后从科研经费预算编制和执行角度进行问题剖析，介绍了全面预算管理的方法和具体措施。

4.1　科研经费的含义和分类

4.1.1　科研经费的含义

科研经费通常泛指各种用于发展科学技术事业而支出的费用。具体指的是用于对新产品、新技术、新材料、新工艺的论证、设计、试验、试制、试用以及鉴定、定型、评审等科学研究全过程所开支的费用，是进行科研活动的物质基础，更是促进科学研究工作的重要条件。科研经费通常由政府、企业、民间组织、基金会等通过委托方式或者对申请报告的筛选来分配，用于解决特定的科学和技术问题。

4.1.2　科研经费的分类

科研项目根据经费的来源，基本可分为纵向科研经费、横向科研经费和自筹科研经费。

4.1.2.1　纵向科研经费

纵向科研经费是指通过承担国家、地方政府常设的计划项目或专项项目取得的科研项目经费。纵向科研经费主要由财政拨款，并实行预算管理。纵向科研经费的金额一般较大，少则几十万，多则几百万甚至上千万。本书主要论述纵向科研项目的经费管理。纵向科研项目的分类和相应经费金额见表 4-1。

纵向科研项目的分类和相应经费金额

表 4-1

等级	自然科学类	社会科学类
一类	国家自然科学基金重点项目 国家自然科学基金重大项目 国家自然科学基金重大研究计划项目（经费 100 万元以上） 国家杰出青年科学基金 高等学校全国优秀博士学位论文作者专项资金 "863 计划"课题（经费 100 万元以上） "973 计划"课题（经费 100 万元以上） 国家科技支撑计划课题（经费 100 万元以上）	国家社科基金重点项目 国家软科学研究计划重大项目 高等学校全国优秀博士学位论文作者专项资金
二类	国家自然科学基金项目 国家自然科学基金委员会科学部主任基金 国家自然科学基金专项项目 "863 计划"课题（经费 30 万元以上） "973 计划"课题（经费 30 万元以上） 霍英东教育基金会高等院校青年教师基金 高等学校博士学科点专项科研基金 教育部新世纪优秀人才支持计划国家政策引导类科技计划（星火计划、农业科技成果转化资金项目、火炬计划国家重点新产品计划、国际科技合作计划） 国家各部委、各省、自治区、直辖市委托专项课题（经费 40 万元以上） 企业以产学研合作方式委托研发类课题（其中到达经费中研究经费达到 50 万元以上）	国家社科基金项目 国家软科学研究计划项目 霍英东教育基金会高等院校青年教师基金 教育部新世纪优秀人才支持计划 教育部哲学社会科学研究重大课题攻关项目 国家政策引导类科技计划（国家软科学研究计划） 国家各部委、各省、自治区、直辖市委托专项课题（经费 20 万元以上） 企业以产学研合作方式委托研发类课题（其中到达经费中研究经费达到 30 万元以上）
三类	省自然科学基金项目 "863 计划"课题（经费 10 万元以上） "973 计划"课题（经费 10 万元以上） 教育部科学技术研究项目 教育部留学回国人员科研启动基金 省优秀青年科技基金 省科技攻关计划项目 省教育厅自然科学研究重点项目 国家重点实验室和国家工程（技术）研究中心开放基金 中国博士后科研基金资助 国家各部委、各省、自治区、直辖市委托专项课题（经费 20 万元以上） 企业以产学研合作方式委托研发类课题（其中到达经费中研究经费达到 25 万元以上）	教育部人文社会科学研究项目 全国教育科学规划课题 教育部留学回国人员科研启动基金 高等学校博士学科点专项科研基金(新教师基金课题) 省软科学研究计划项目 省哲学社会科学规划项目 省教育厅任务社会科学研究重点项目 中国博士后科学基金资助 国家各部委、各省、自治区、直辖市委托专项课题（经费 10 万元以上） 企业以产学研合作方式委托研发类课题（其中到达经费中研究经费达到 15 万元以上）

等级	自然科学类	社会科学类
四类	省教育厅自然科学研究项目 安徽省高校青年教师科研资助计划 省部级重点实验室和省部级工程（技术）研究中心开放基金 国家各部委、各省、自治区、直辖市委托专项课题（经费10万元以上） 各地市级政府、各厅局级单位委托专项课题（经费10万元以上） 企业以产学研合作方式委托研发类课题（其中到达经费中研究经费达到10万元以上）	安徽省教育厅人文社会科学研究项目 安徽省高校青年教师科研资助计划 国家各部委、各省、自治区、直辖市委托专项课题（研究经费5万元以上） 各地市级政府、各厅局级单位委托专项课题（研究经费3万元以上） 企业以产学研合作方式委托咨询类课题（研究经费5万元以上）
五类	各类单位设立或立项的课题（研究经费1万元以上） 企业以产学研合作方式委托研发类课题（其中到达经费中研究经费达到2万元以上）	各类单位设立或立项的课题（研究经费0.3万元以上） 企业以产学研合作方式委托咨询类课题（其中到达经费中经费1万元以上）

注：源自《安徽省普通本科高等学校教师专业技术资格条件（试行）》（教人〔2009〕1号）文件。

4.1.2.2 横向科研经费

横向课题是相对于纵向课题而言。横向科研经费主要是指科研单位与企业进行的横向联合，利用科研单位对企业单位进行技术咨询服务、技术协作、科技成果转让以及技术支持等其他设计技术服务而获得的收入，由企事业单位拨给的专项经费或合同经费等。课题执行者和企业是平等协商的合作关系。横向课题以解决具体问题为目的，横向课题的申报时间不固定。

4.1.2.3 自筹科研经费

自筹科研经费是指为了保证科研项目的及时启动和顺利实施，针对不同性质的下拨经费所配以的经费，一般由科研单位自行安排经费来源。

4.2 科研经费财务管理的主要内容

科研经费财务管理的内容主要包括收入管理、预算管理、成本管理、分配管理、财务分析。

4.2.1 收入管理

科研课题可分为纵向科研课题、横向科研课题和自筹科研课题。无论哪种课题的经费都应全部纳入科研单位的统一管理，并按照相关科研经费管理办法执行。在实际管理中，由于科研经费资金拨付流程较复杂，不同来源的流程还不尽相同，因此给收入管理带来了一定难度。例如项目已立项开展前期调研准备工作，但是资金尚未到位；或者经费分两次及以上划转至承担单位，而第一次划转资金不足以支付已形成的前期调研支出，这些情况都会影响科研项目的开展进度。科研资金到款后需科研管理部门确认，随着科研项目越来越多元化，这给科研经费的确认带来了难度，会导致经费到位不及时。因此，要加强科研经费收入管理，设立专项，设专人管理，将收入资金及时入库，实现科研经费财务管理的长期目标。

4.2.2　预算管理

预算管理是指企业在战略目标的指导下，对未来的经营活动和相应财务结果进行充分、全面的预测和筹划，并通过对执行过程的监控，将实际完成情况与预算目标不断对照和分析，从而及时指导经营活动的改善和调整，以帮助管理者更加有效地管理企业和最大限度地实现战略目标。预算管理使决策目标具体化、系统化并定量化，有助于财务目标的顺利实现。作为以科技创新为主体的科研单位，更要加强自身的全面预算管理制度，形成全面、有效的预算管理机制，保证经费的使用效率，为科研项目经费绩效管理奠定基础，最终达到高效并合法合理的使用科研项目经费的目的。

预算管理制度包含预算政策的制定、预算编制、日常管理及检讨改进。其中，日常管理最重要，因为日常管理是整个预算制度成功的关键。日常管理表是预算制度中的控制机制，随时发现预算执行时的问题并及时提供协助，以提高预算达成的可能性。

4.2.3　成本管理

科研项目成本管理是指在科研项目实施过程中，为了确保项目在成本预算内尽可能高效率地完成科研目标，并使其所花费的实际成本不超过预算成本而对项目各个过程进行的管理与控制。成本管理能够充分动员和组织全体人员，在保证质量的前提下，对全过程进行科学合理的管理，力求以最少生产耗费取得最大的生产成果。科研经费成本包括直接成本和间接成本。直接成本，指研究过程中发生的与科研项目直接相关的费用，通常包括如设备费、材料费、测试化验加工费、燃料动力费、差旅费、会议费、国际合作交流费、出版 / 文献 / 信息传播 / 知识产权事务费、劳务费、专家咨询费、基本建设费等。直接成本易量化，操作简便。而间接成本是指研究过程中发生的与科研项目无直接相关的、无法在直接成本中开支的，由科研活动和日常科研共同分担的成本。科研经费中间接成本核算一般比较困难，已成为科研成本核算的棘手问题之一。

一方面是由于各项费用消耗主体都不同，所产生的单位部门提供的服务内容也不相同，导致分摊方式复杂。另一方面是由于间接成本既包含固定成本，又包含变动成本，导致分摊方式复杂。

4.2.4　财务分析

科研单位进行的财务分析是真实、科学、系统地归集会计资料与数据，充分利用财务管理信息，借助一定的方法，运用财务报表、会计核算资料对科研单位过去的财务状况和经济效益及未来的前景作出的评价。通过评价为财务决策、计划和控制提供广泛的帮助。科研经费的财务分析基本上是定期统计经费支出总额，年底或项目结题时按照相关部门要求完成决算报告编制。对于科研经费财务管理完全不涉及经费预算执行情况和整个资金运作情况的财务分析。这样的管理方式，无法掌握科研经费的使用情况，也无法确认经费使用效率的高低，导致会计信息不完整，严重影响了科研经费的财务管理水平。

科研单位可以效仿企业财务管理的方法，严格管理科研经费会计报告的编制时间，按照相关财务制度规定编制科研经费月报表、季报表、年报表，通过加强对各种报表的财务分析，力求真实客观的反映科研经费的收支结构，通过对收支结构的分析来降低科研项目的财务风险，为科研经费的使用提供决策依据，提高科研经费的使用效益。

4.3　科研经费财务管理的方法

4.3.1　科研经费财务管理的方法

为了合理有效的使用科研经费，让科研成果更好地服务于社会，科研单位需要像企业一样，构建一个完整的财务管理方法体系，通过正确运用科学有效的财务管理方法来实现科研经费财务管理总目标。这些方法相互配合、相互联系，构成了一个完整的财务管理方法体系。这种体系包括财务预测、财务预算、财务控制、财务分析、财务监督等。

4.3.1.1　财务预测

科研单位在进行财务预测时，可依据过去财务活动的资料和经验以及单位现状，对科研经费的收入、成本费用、成果转化等情况进行科学合理的定性或者定量预测。并且在实践过程中不断地对预测结果进行检验和论证，以此来评估科研经费在实际投入使用过程中可能会发生的财务环境变化，提高财务预算的准确性和可执行性，达到降低财务风险的目的。

4.3.1.2 财务预算

科研单位承担的研究经费都应纳入预算管理。科研项目的财务预算主要包括收入预算和支出预算。收入预算分为专项经费和自筹经费。支出预算分为直接费用和间接费用。科研项目负责人是科研经费使用的直接责任人，项目负责人根据实际科研任务的需要编制填报预算，并由单位财务管理部门和科研管理部门联合把关审核，然后上报项目主管部门审批。科研经费预算管理是对科研经费的事前控制，科学合理的预算能使决策目标具体化、系统化和定量化，有助于目标的顺利实现。因此，科研单位内部应加强统筹协调，资源共用共享，防止重复预算。通过对科研项目进行财务预算管理对科研经费做到事前控制。

4.3.1.3 财务控制

财务控制是运用特定的方法、措施和程序，通过规范化的控制手段，对财务活动进行控制和监督。财务控制的基本依据是财务预算。财务控制的内容主要有货币资金收支控制、成本费用控制和效益控制等。

4.3.1.4 财务分析

财务分析是科研经费全过程财务管理的一个重要步骤。财务分析和评价能够帮助科研项目管理者进行有效的管理，为领导决策提供财务依据。

4.3.1.5 财务监督

财务监督是运用单一或系统的财务指标对业务活动进行的观察、判断、建议和督促。财务监督能够督促各方面的活动合乎程序与合乎要求，促进各项活动的合法化管理行为的科学化。对于科研经费的财务监督能够督促科研项目按照国家法律法规及相关政策规定来合理合法的使用经费，保证科研项目的正常运行，促进科研经费社会效益最大化目标的实现。财务监督是一个全过程的动态管理，在科研项目的各个阶段发挥着重要作用。

4.3.2 信息化手段推进科研经费财务管理

随着国家对科研经费投入的不断增加，科研经费呈现出多层次、多元化特点，只有报账、算账、记账的传统科研经费管理模式已不能满足当前需求，需要财务部门与科研人员、科研管理部门之间建立通畅的协调联动机制。现代信息化手段可满足这些需求，科研单位应利用现代信息技术对单位内所有科研项目经费实行统一的信息化、实时化、网络化管理，以信息化手段推进科研经费管理，提高经费使用效率，促进科研工作持续健康发展。

4.3.2.1　科研经费预算控制系统

科研经费预算管理是科研经费管理的核心。不按预算执行而随意支出的现象在科研经费使用中普遍存在。利用信息化手段来开发财务预算控制系统可有效解决这个问题。根据科研经费的来源性质设置符合项目主管部门要求的财务预算控制系统的个性化预算模版，利用这个模版对每一项预算栏目进行金额控制，同时对预算栏目与会计核算科目进行匹配，实现经费支出范围的控制，确保科研经费严格按预算执行。

4.3.2.2　与相关业务部门形成信息传递系统

科研经费需要全方位、多层次、系统化的管理，是一个复杂的综合管理系统，不仅需要科研项目组与财务部门、科研管理部门之间进行信息传递，还涉及资产管理部门、审计部门、人事部门以及档案管理部门等。利用信息化手段，搭建科研经费管理信息网络平台，各职能部门通过信息平台可及时快速获取准确的科研项目信息，形成与科研活动相关的各项业务网络化管理，实现科研由事后控制转变为事前和事中控制的管理方式。

4.3.2.3　资产管理信息系统

资产是科研单位开展科研工作的物质保证，但是资产闲置、资产利用效率不高、资产流失等问题普遍存在，构建高效、合理、科学的资产管理信息系统可有效解决这些问题。首先，资产管理信息系统建设可使资产管理者全面系统地把握资产的相关信息，使资产管理规范有序，提高资产日常管理的效率，实现资产购置、使用、处置全生命周期的全方位管理。其次，利用资产管理信息系统可实现科研单位内部资产的协调配置，通过资产管理信息系统了解所需要的实验设备设施目前使用情况，通过预约协调沟通，实现资产的高效利用。再次，构建资产管理信息系统能够更高效地实现资产价值管理，通过资产管理信息系统平台使资产管理和预算管理有机结合，使资产预算配置不再盲目，其新增资产配置预算编制的准确性、合理性将得到明显提高。最后，资产管理信息系统也为上级部门的监管提供有效的手段。

4.4　科研经费管理制度

为了规范和加强科研经费的管理，合理、有效地使用科研经费，保证研究工作的顺利开展，依据国家相关制度规定，根据实际情况，各科研项目和各科研单位都制定了相应的经费管理制度。本节根据笔者课题组参与的《国家科技重大专项（民口）资金管理办法》，来具体解读科研经费的管理制度。以下节选《国家科技重大专项（民口）资金管理办法》。

重大专项是新的中央财政科技计划体系的重要组成部分，是中央财政科技投入的重点之一。为贯彻落实中央财政科技计划管理改革、中央财政科研项目和资金管理改革的精神和深化预算管理制度改革有关要求，结合重大专项定位和组织实施管理特点，以及《民口科技重大专项资金管理暂行办法》（财教〔2009〕218 号，以下简称《218 号文》）在执行中存在的问题，在认真研究、广泛听取意见的基础上，2017 年 6 月财政部、科技部、发展改革委联合发布了《国家科技重大专项（民口）资金管理办法》（财科教[2017]74 号，以下简称《资金管理办法》）。

《资金管理办法》制定的目的是保障国家科技重大专项（民口）的组织实施，规范和加强重大专项资金管理。《资金管理办法》共 8 章 59 条，主要包括重大专项管理机构与职责、重大专项概算管理、资金核定方式及开支范围、预算编制与审批、预算执行与调剂、监督检查等具体内容和流程，并明确了各管理层级的管理职责。

4.4.1　管理机构与职责

按照重大专项的组织管理体系，重大专项资金实行分级管理，分级负责。

在中央财政科技计划（专项、基金等）管理部际联席会议制度框架下，组织管理体系包括科技部、发展改革委、财政部（以下简称三部门）以及各重大专项牵头组织单位（以下简称牵头组织单位）、专业机构、项目（课题）承担单位（以下简称承担单位）。取消了重大专项领导小组，增设项目管理专业机构（以下简称专业机构）层级。原领导小组相关职责分别调整至三部门、牵头组织单位。三部门、牵头组织单位不再管理具体项目（课题），专业机构承担项目（课题）管理具体职责。各层级具体职责如下：

（1）三部门负责组织重大专项实施方案（含总概算和阶段概算）编制论证，开展阶段实施计划（含分年度概算，下同）、年度计划综合平衡工作，统筹协调重大专项与国家其他科技计划（专项、基金等）、国家重大工程的关系；组织重大专项的监督评估、检查监督和总结验收等。

（2）财政部会同科技部、发展改革委制定重大专项资金管理制度，审核专项总概算和阶段概算。财政部会同科技部组织开展阶段概算的分年度概算评审；对专项牵头组织单位、项目管理专业机构（以下简称专业机构）的重大专项资金管理情况进行监督检查，对项目（课题）资金使用情况和财务验收情况进行抽查。财政部审核批复分年度概算，按部门预算程序审核批复年度预算、执行中的重大概预算调剂。

出资的地方财政部门负责落实其承诺投入的资金，提出资金安排意见，并加强对资金使用的管理。

（3）牵头组织单位负责重大专项具体实施工作，制定资金管理实施细则，协调落实重大专项实施的相关支撑条件和配套政策；组织编报分年度概算，制定年度指南；审核上报年度计划建议（含年度预算建议，下同）；批复项目（课题）立项（含预算），按规定程序审核批复预算调剂；监督检查本专项预算执行情况，报告年度资金使用情况，按规定组织开展专项项目（课题）绩效评价；成立重大专项实施管理办公室等。

（4）专业机构接受部际联席会议办公室与牵头组织单位的共同委托，负责重大专项项目（课题）的具体管理工作。负责组织项目（课题）立项、预算评审、提出年度计划建议；负责与项目（课题）牵头承担单位签订项目（课题）任务合同书（含预算书，下同）；按规定程序审核批复预算调剂；负责项目（课题）过程管理、结题验收和决算；定期报告年度资金使用情况；督促项目（课题）预算执行，监督检查项目（课题）经费使用情况；建立健全重大专项资金管理、财务验收、内部监督等制度，以及预算执行人失信警示和联合惩戒机制。

（5）项目（课题）承担单位（以下简称承担单位）是项目（课题）资金使用和管理的责任主体，应强化法人责任，规范资金管理。负责编制和执行所承担的重大专项项目（课题）预算；按规定程序履行相关预算调剂职责；严格执行各项财务规章制度并接受监督、检查和审计，并配合评估和验收；编报重大专项资金决算，报告资金使用情况等；负责项目（课题）资金使用情况的日常监督和管理；落实单位自筹资金及其他配套条件。

4.4.2 概算管理

此《资金管理办法》对比《218号文》增加了"概算管理"这一章节，强调了概算管理的重要性。

（1）重大专项概算是指对专项实施周期内，专项实施所需总费用的事前估算，是重大专项预算安排的重要依据。重大专项概算包括总概算、阶段概算和年度概算。

为确保收支平衡，重大专项概算应当同时编制收入概算和支出概算。其中，收入概算包括中央财政资金概算和其他来源资金概算。支出概算包括支出总概算、支出阶段概算和支出年度概算。

（2）三部门会同有关部门在重大专项实施方案编制阶段编制论证重大专项的总概算和阶段概算，财政部牵头组织评估审核后，按程序报国务院审批。在批准的阶段概算范围内，牵头组织单位会同专业机构编制分年度概算，财政部会同科技部组织开展分年度概算评审，财政部根据财力可能，审核批复分年度概算。

（3）经批复的总概算及阶段概算原则上不得调增。分年度概算在不突破阶段概算的前提下，可以在本阶段年度间由牵头组织单位提出申请，按程序报财政部审批调整。重大专项任务目标发生重大变化等原因导致中央财政资金总概算、阶段概算确需调增的，由牵头组织单位提出调整申请，财政部、科技部、发展改革委审核后按程序报国务院批准。

4.4.3　资金核定方式及开支范围

重大专项资金由项目（课题）经费和管理工作经费组成，分别核定与管理。

重大专项项目（课题）经费由直接费用和间接费用组成，适用于事前补助和事前立项事后补助项目（课题）。

4.4.3.1　直接费用

直接费用是指在项目（课题）实施过程（包括研究、中间试验试制等阶段）中发生的与之直接相关的费用，共分 12 项科目。

（1）设备费：是指在项目（课题）实施过程中购置或试制专用仪器设备，对现有仪器设备进行升级改造，以及租赁使用外单位仪器设备而发生的费用。应当严格控制设备购置，鼓励共享、试制、租赁专用仪器设备以及对现有仪器设备进行升级改造，避免重复购置。此管理办法对比《218 号文》，取消了对于使用重大专项资金购置的单台 / 套 / 件价格在 200 万元以上的仪器设备，应当按照《中央级新购大型科学仪器设备联合评议工作管理办法（试行）》的有关规定执行的规定。

（2）材料费：是指在项目（课题）实施过程中由于消耗各种必需的原材料、辅助材料等低值易耗品而发生的采购、运输、装卸和整理等费用。

（3）测试化验加工费：是指在项目（课题）实施过程中支付给外单位（包括承担单位内部独立经济核算单位）的检验、测试、设计、化验、加工及分析等费用。此管理办法对比《218 号文》测试化验加工费增加了分析的费用。

（4）燃料动力费：是指在项目（课题）实施过程中相关大型仪器设备、专用科学装置等运行发生的水、电、气、燃料消耗费用等。

（5）会议 / 差旅 / 国际合作与交流费：是指在项目（课题）实施过程中发生的会议费、差旅费和国际合作与交流费。

会议费：是指在项目（课题）实施过程中为组织开展相关的学术研讨、咨询以及协调任务等活动而发生的会议费用。

差旅费：是指在项目（课题）实施过程中开展科学实验（试验）、科学考察、业务调研、学术交流等所发生的外埠差旅费、市内交通费用等。

国际合作与交流费：是指在项目（课题）实施过程中相关人员出国（境）、外国专家来华工作而发生的费用。

在编制项目（课题）预算时，本科目支出预算不超过直接费用 10% 的，不需要提供预算测算依据。承担单位和科研人员应当按照实事求是、精简高效、厉行节约的原则，严格执行国家和单位的有关规定，统筹安排使用。

此管理办法对比《218 号文》，将差旅费、会议费、国际合作交流费进行了合并，扩大了会议费、差旅等、国家合作交流费的管理自主权，并明确了在编制项目（课题）预算时，本科目支出预算在不超过直接费用 10% 时，不需要提供预算测算依据。

（6）出版 / 文献 / 信息传播 / 知识产权事务费：是指在项目（课题）实施过程中，需要支付的出版费、资料费、专用软件购买费、文献检索费、专业通信费、专利申请及其他知识产权事务等费用。

（7）劳务费：是指在项目（课题）实施过程中支付给参与研究的研究生、博士后、访问学者以及项目（课题）题聘用的研究人员、科研辅助人员等的劳务性费用。

项目（课题）聘用人员的劳务费标准，参照当地科研和技术服务业人员平均工资水平，根据其在项目（课题）研究中承担的工作人员确定，其社会保险补助纳入劳务费科目列支。劳务费预算不设比例限制，据实编制。

（8）专家咨询费：是指在项目（课题）实施过程中支付给临时聘请的咨询专家的费用。专家咨询费不得支付给参与项目（课题）研究及其管理相关的工作人员。专家咨询费的标准按国家有关规定执行。

（9）基本建设费：是指项目（课题）实施过程中发生的房屋建筑物购建、工程配套机电设备购置等基本建设支出，应当单独列示，并参照基本建设财务制度执行。

（10）其他费用：是指在项目（课题）实施过程中除上述支出项目之外的其他直接相关的支出。其他费用应当在申请预算时详细说明。

4.4.3.2 间接费用

间接费用是指承担单位在项目（课题）组织实施过程中无法在直接费用中列支的相关费用。主要包括承担单位为项目（课题）研究提供的房屋占用，日常水、电、气、暖消耗，有关管理费用的补助支出，以及激励科研人员的绩效支出等。

（1）结合承担单位信用情况，间接费用实行总额控制，按照不超过课题直接费用扣除设备购置费和基本建设费后的一定比例核定。此管理办法提高了间接费用比例，由原来的统一 13% 调整为按经费总额阶梯比例。具体比例如下：500 万元及以下部分为 20%，超过 500 万元至 1000 万元的部分为 15%，超过 1000 万元以上的部分为 13%。

（2）间接费用由承担单位统筹使用和管理。承担单位应当建立健全间接费用的内部管理办法，公开透明、合规合理使用间接费用，处理好分摊间接成本和对科研人员激励的关系，绩效支出安排应当与科研人员在项目工作中的实际贡献挂钩。此管理办法取消了原来的绩效支出比例限制。

项目（课题）中有多个单位的，间接费用在总额范围内由项目（课题）牵头承担单位与参与单位协商分配。承担单位不得在核定的间接费用以外，再以任何名义在项目（课题）资金中重复提取、列支相关费用。

（3）重大专项管理工作经费是指在重大专项组织实施过程中，科技部、发展改革委、财政部（以下简称三部门）、牵头组织单位、专业机构等承担重大专项管理职能且不直接承担项目（课题）的有关部门和单位，开展与实施重大专项相关的研究、论证、招标、监理、咨询、评估、审计、监督、检查、培训等管理性工作所需费用，由财政部单独核定。

管理工作经费按照"分年核定、专款专用、勤俭节约、规范使用"的原则管理和使用。管理工作经费不得用于弥补相应单位的日常公用经费。

管理工作经费开支范围包括：会议费、差旅费、专家咨询费、劳务费、审计 / 评审评估 / 招投标 / 监理费、出版物 / 文献 / 信息传播费、设备购置费及其他费用等。

1）会议费是指专项组织实施和管理过程中召开的研讨会、论证会、评审评估会、培训会等会议费用。会议费的开支应当按照国家有关规定执行，严格控制会议的规模、数量、开支标准和会期。

2）差旅费是指专项组织实施和管理过程中临时聘请的咨询专家发生的外埠差旅费、市内交通费用等，开支标准应当按照国家有关规定执行。

3）专家咨询费是指专项组织实施和管理过程中支付给临时聘请的咨询专家的费用。专家咨询费不得支付给参与专项管理的相关工作人员，开支标准按国家有关规定执行。

4）劳务费是指专项组织管理工作中支付给临时聘用且没有工资性（包括退休工资）收入人员的劳务性费用。

5）审计 / 评审评估 / 招投标 / 监理费是指专项组织实施和管理过程中发生的审计、立项评审、招投标、项目监理等相关费用，开支标准应当按照国家有关规定执行。

6）出版物 / 文献 / 信息传播费是指专项组织实施和管理过程中需要支付的出版费、

资料费、专用软件购买费、文献检索费、宣传费等费用。

7）设备购置费主要用于科技重大专项管理工作所必需的达到固定资产标准的小型设备购置。设备购置费原则上不予开支，确有需要的，应单独报批。

8）其他费用是指在专项组织实施过程中除上述支出项目之外的其他与重大专项管理工作直接相关的支出。其他费用应当在申请预算时单独列示。

（4）管理工作经费纳入部门预算管理。经费使用部门（单位）按照部门预算管理有关规定编报经费需求，财政部按规定审核下达管理工作经费预算。管理工作经费应当按规定纳入相应使用单位机关财务，统一管理，单独核算。管理工作经费的结转结余资金按照中央部门结转和结余资金管理有关规定执行。

4.4.4 预算编制与审批

（1）预算编制与审批程序适用于事前补助和事前立项事后补助项目（课题）。重大专项实行全口径预算编制，应当全面反映重大专项组织实施过程中的各项收入和支出，明确提出各项支出所需资金的来源渠道。预算包括收入预算和支出预算，做到收支平衡。

（2）专业机构根据年度指南，组织项目（课题）申报及预算编报，不得在预算申报前先行设置控制额度，可在年度指南中公布重大专项年度概算。

承担单位按照政策相关性、目标相符性和经济合理性原则，科学、合理、真实地编制项目（课题）预算。对仪器设备购置、参与单位资质及拟外拨资金进行重点说明，并申明现有的实施条件和从单位外部可能获得的共享服务，项目申报单位对直接费用各项支出不得简单按比例编列。

（3）专业机构委托具有独立法人资格的、具有相应资质的第三方机构进行预算评审。

预算评审第三方机构应当具备丰富的国家科技计划预算评审工作经验，熟悉国家科技计划（专项、基金等）和资金管理政策，建立了相关领域的学科专家队伍支撑，拥有专业的预算评审人才队伍等。

预算评审应当按照规范的程序和要求，坚持独立、客观、公正、科学的原则，对项目（课题）申报预算的目标相关性、政策相符性和经济合理性进行评审，预算评审过程中不得简单按比例核减预算。预算评审应当建立健全沟通反馈机制，承担单位对预算评审意见存在重大异议的，可向专业机构申请复议。

（4）专业机构提出年度计划建议报牵头组织单位，牵头组织单位审核同意后，于每年9月底前将下一年年度计划报三部门综合平衡。三部门综合平衡意见核定年度预算，按规定程序下达牵头组织单位，同时抄送科技部、发展改革委。由地方政府作为牵头组织单位的专项按照有关规定执行。

专业机构应按照有关规定公示拟立项项目（课题）名单和预算（涉密内容除外），并接受监督。

牵头组织单位根据三部门综合平衡意见和财政部预算批复，下达专业机构项目（课题）立项批复和预算通知。

专业机构根据立项批复（含预算）与项目（课题）牵头承担单位签订项目（课题）的任务合同书。

任务合同书是项目（课题）预算执行、财务验收和监督检查的依据。任务合同书应以项目（课题）预算申报书为基础，突出绩效管理，明确项目（课题）考核目标、考核指标及考核方法，明细各方责权，明确项目（课题）牵头单位和参与单位的资金额度，包括其他来源资金和其他配套条件等。

4.4.5　预算执行

（1）基于落实和强化专业机构监管责任、方便承担单位用款、强化承担单位预算执行主体责任、加快预算执行进度等考虑，采纳有关单位和专家的意见，自 2018 年 1 月 1 日起，重大专项资金不再通过特设账户拨付，资金支付按照国库集中支付制度有关规定执行。

（2）专业机构按照国库集中支付制度规定，及时办理向项目（课题）承担单位支付年度项目（课题）资金的有关手续。实行部门预算批复前项目（课题）资金预拨制度。

项目（课题）牵头承担单位应当根据项目（课题）研究进度和资金使用情况，及时向项目（课题）参与单位拨付资金，项目（课题）参与单位不得再向外转拨资金。

项目（课题）牵头承担单位不得对参与单位无故拖延资金拨付，对于出现上述情况的单位，专业机构将采取约谈、暂停项目（课题）后续拨款等措施。

（3）承担单位应当严格执行国家有关财经法规和财务制度，切实履行法人责任，建立健全项目（课题）资金内部管理制度和报销规定，明确内部管理权限和审批程序，完善内控机制建设，强化资金使用绩效评价，确保资金使用安全规范有效。

此管理办法要求，承担单位应当建立健全科研财务助理制度，为科研人员在项目编制和调剂、资金支出、财务决算和验收方面提供专业化服务。

承担单位应当将项目（课题）资金纳入单位财务统一管理，对中央财政资金和其他来源的资金分别单独核算，确保专款专用。按照承诺保证其他来源的资金及时足额到位。

承担单位应当建立信息公开制度，在单位内部公开立项、主要研究人员、资金使用（重点是间接费用、外拨资金、结余资金使用等）、大型仪器设备购置以及项目（课题）研究成果等情况，接受内部监督。

承担单位应当严格执行国家有关支出管理制度。对应当实行"公务卡"结算的支出，按照中央财政科研项目使用公务卡结算的有关规定执行。对设备费、大宗材料费和测试化验加工费、劳务费、专家咨询费等支出，原则上应当通过银行转账方式结算。对野外考察、心理测试等科研活动中无法取得发票或者财政性票据的，在确保真实性的前提下，可按实际发生额予以报销。

承担单位应当按照下达的预算执行。项目（课题）在研期间，年度剩余资金结转下一年度继续使用。

（4）《资金管理办法》中明确指出预算确有必要调剂时，应当按照调剂范围和权限，履行相关程序。并给予专业机构预算评审权，放宽牵头组织单位、专业机构和承担单位预算调剂权。具体调剂程序如下：

1）专项年度总预算的调剂，由专业机构提出申请，牵头组织单位审核后报财政部批复。

2）项目（课题）预算总额调剂，由承担单位向专业机构提出申请，专业机构按原预算评审程序委托预算评审第三方机构评审后，报牵头组织单位审批。

3）项目（课题）预算总额不变，课题间预算调剂，课题承担单位之间预算调剂以及增减项目（课题）合作单位的预算调剂，由项目（课题）牵头承担单位审核汇总后，报专业机构审批。

4）项目（课题）预算总额不变，直接费用中材料费、测试化验加工费、燃料动力费、出版/文献/信息传播/知识产权事务费、会议/差旅/国际合作与交流费、其他费用等预算如需调剂，由项目（课题）负责人根据实施过程中科研活动的实际需要提出申请，由项目（课题）牵头承担单位审批。设备费、劳务费、专家咨询费、基本建设费预算一般不予调剂，如需调减可按上述程序调剂用于其他方面支出；如需调增，需由项目（课题）承担单位报专业机构审批。

5）项目（课题）的间接费用预算总额不得调增，经承担单位与项目（课题）负责人协商一致后，可以调减用于直接费用。

（5）重大专项资金实行全口径决算报告制度。对按规定应列入项目（课题）决算的所有资金，应全部纳入项目（课题）决算。

项目（课题）牵头承担单位在每年的 4 月 20 日前，审核上年度收支情况，汇总形成项目（课题）年度财务决算报告，并报送专业机构。决算报告应当真实、完整、账表一致。项目（课题）资金下达之日起至年度终了不满 3 个月的项目（课题），当年可以不编报年度财务决算报告，其资金使用情况在下一年度的年度财务决算报告报表中编制反映。

（6）专业机构按规定组织项目（课题）财务验收，并将财务验收结果报牵头组织单位备案。有下列行为之一的，不得通过财务验收：

1）编报虚假预算，套取国家财政资金；

2）未对专项经费进行单独核算；

3）截留、挤占、挪用专项经费；

4）违反规定转拨、转移专项经费；

5）提供虚假财务会计资料；

6）未按规定执行和调剂预算；

7）虚假承诺、单位自筹资金不到位；

8）资金管理使用存在违规问题拒不整改；

9）其他违反国家财经纪律的行为。

重大专项项目（课题）通过财务验收后，各承担单位应当在 1 个月内及时办理财务结账手续。

（7）项目（课题）因故撤销或终止，承担单位应当及时清理账目与资产，编制财务报告及资产清单，报送专业机构。专业机构研究提出清查处理意见并报牵头组织单位审核批复，牵头组织单位确认后，按规定程序将结余资金（含处理已购物资、材料及仪器设备的变价收入）上缴国库。

（8）此管理办法改进了结余资金留用处理方式。对于项目（课题）结余资金（不含审计、年度监督评估等监督检查中发现的违规资金），项目（课题）完成任务目标并一次性通过验收，且承担单位信用评价良好的，结余资金按规定留归项目承担单位使用，2 年内（自验收结论下达后次年的 1 月 1 日起计算）统筹安排用于科研活动的直接支出。2 年后结余资金未使用完成的，按规定原渠道收回。

（9）重大专项资金使用中涉及政府采购的，按照国家政府采购有关规定执行。

（10）行政事业单位使用中央财政资金形成的固定资产属国有资产，应当按照国家有关国有资产的管理规定执行。企业使用中央财政资金形成的固定资产，按照《企业财务通则》等相关规章制度执行。中央财政资金形成的知识产权等无形资产的管理，按照国家有关规定执行。

中央财政资金形成的大型科学仪器设备、科学数据、自然科技资源等，按照规定开放共享。

4.4.6 监督检查

（1）三部门、牵头组织单位、专业机构和承担单位应当根据职责和分工，建立覆盖资金管理使用全过程的资金监督检查机制。监督检查应当加强统筹协调，加强信息共享，避免重复交叉。

（2）三部门通过监督评估、专项检查、年度报告分析、举报核查、绩效评价等方式，按计划对专业机构内部管理、重大专项资金管理使用规范性和有效性进行监督检查，对承担单位法人责任落实情况，内部控制机制和管理制度的建设及执行情况，项目（课题）资金拨付的及时性，项目（课题）资金管理使用规范性、安全性和有效性等进行抽查。

（3）牵头组织单位应当指导专业机构做好重大专项资金管理工作，对重大专项的实施进展情况、资金使用和管理进行监督检查。牵头组织单位按照规定组织开展项目（课题）绩效评价。牵头组织单位对监督检查中发现的问题，及时督促专业机构整改，追踪问责。

（4）专业机构应当建立健全经费监管制度，组织开展重大专项资金的管理和监督，并配合有关部门监督检查，对发现问题的承担单位，采取警示、约谈等方式，督促整改，追踪问责。

专业机构应当在每年末总结当年的重大专项资金管理和监督情况，并报牵头组织单位备案。

（5）承担单位应当按照本办法和国家相关财经法规及财务管理规定，完善内部控制和监督制约机制，加强支撑服务条件建设，提高对科研人员的服务水平，建立常态化的自查自纠机制，保证项目（课题）资金安全。

承担单位应当强化预算约束，规范资金使用行为，严格按照本办法规定的开支范围和标准支出，严禁使用重大专项资金支付各种罚款、捐款、赞助等，严禁以任何方式牟取私利。承担单位应当建立健全各种费用开支的原始资料登记和材料消耗、统计盘点制度，做好预算与财务管理的各项基础性工作。

（6）重大专项资金管理实行责任倒查和追究制度。对失职，渎职，弄虚作假，截留、挪用、挤占、骗取重大专项资金等违法行为，按照相关规定追究相关责任人和单位的责任；涉嫌犯罪的，移送司法机关处理。

财政部及其相关工作人员在重大专项概预算审核下达，牵头组织单位、专业机构及其相关工作人员在重大专项项目（课题）资金分配等环节，存在违反规定安排资金或其他滥用职权、玩忽职守、徇私舞弊等违法违纪行为的，按照《中华人民共和国预算法》《中华人民共和国公务员法》《中华人民共和国行政监察法》《财政违法行为处罚处分条例》等国家有关规定追究相关单位和人员的责任；涉嫌犯罪的，移送司法机关处理。

（7）重大专项组织管理过程中，相关机构和人员应严格遵守国家保密规定。对于违反保密规定的，给国家安全和利益造成损害的，应当依照有关法律、法规给予有关责任机构和人员处分，构成犯罪的，依法追究刑事责任。

第 5 章
科研经费管理

据国家统计局、科学技术部和财政部联合发布《2017 年全国科技经费投入统计公报》显示，2017 年我国研究与试验发展（R&D）经费投入总量超 1.76 万亿元，同比增长 12.3%，增速较上年提高 1.7 个百分点；研究与试验发展（R&D）经费投入强度达到 2.13%，再创历史新高。国家及各级政府部门对科研经费投入日益增长，且资金来源渠道日益多元化。我国正处于经济发展结构调整和转型升级，科技体制和财税体制改革的关键时期。面对这些新形势、新特点、新情况，管好用好科研经费，确保科研经费安全和有效使用，对科技事业的发展具有重要的意义。本章分析了近年来科研经费的现状、特点及问题，提出了相应的科研经费管理优化措施。

5.1 科研经费投入现状

5.1.1 科研经费投入保持较快增长

国家统计局、科学技术部和财政部三部门联合发布《2017 年全国科技经费投入统计公报》（以下简称《公报》）。数据显示，2017 年，全国共投入研究与试验发展（R&D）经费❶17606.1 亿元，比上年增加 1929.4 亿元，增长 12.3%，增速较上年提高 1.7 个百分点；研究与试验发展（R&D）经费投入强度❷为 2.13%，比上年提高 0.02 个百分点。按研究与试验发展（R&D）人员（全时工作量）计算的人均经费为 43.6 万元，比上年增加 3.2 万元。面对这 17606.1 亿元，我国的研发经费投入总量和强度在世界处于什么水平呢？

投入总量方面，我国研究与试验发展（R&D）经费投入总量与投入总量第一的美国相比，从 2013 年 R&D 经费为美国的 40% 增长到 2017 年的 60%，差距正在逐年缩小。

---

❶ 研究与试验发展（R&D）经费：指全社会实际用于基础研究、应用研究和试验发展的经费支出，是衡量一个国家科技创新力度的重要指标。

❷ R&D 经费投入强度 = $\dfrac{\text{R\&D 经费}}{\text{GDP}}$。

投入强度方面，2016 年我国研究与试验发展（R&D）经费投入强度为 2.11%，从当年 OECD❶ 35 个成员国研究与试验发展（R&D）经费投入强度看，介于列第 12 位的法国（2.25%）和第 13 位冰岛（2.10%）之间。

投入净增长方面，我国研究与试验发展（R&D）经费年净增量已超过 OECD 成员国增量总和。2016 年我国研究与试验发展（R&D）经费净增量为 1506.9 亿元，超过同期 OECD 各成员国增量总和（973.7 亿元）。

投入增速方面，我国研究与试验发展（R&D）经费投入增速保持世界领先。2013 ～ 2016 年间我国研究与试验发展（R&D）经费年均增长 11.1%，而同期美国、欧盟和日本分别为 2.7%、2.3% 和 0.6%。

5.1.2 科研经费投入结构不断优化，但仍有较大提升空间

随着科研经费投入的不断增长，投入结构也逐渐趋于合理化。R&D 经费中基础研究经费所占比例逐步提升。2017 年，我国基础研究经费为 975.5 亿元，比上年增加 152.6 亿元，增长 18.5%；增速较上年提高 3.6 个百分点，为近 5 年来的最高。但是，虽然我国基础性研究经费投入在逐年提高，但是基础性研究经费占 R&D 经费的比重 5.5% 与发达国家 15% ～ 20% 的占比水平相比仍存在较大提升空间。

基础研究是创新驱动发展的源头，但是从基础研究到经济社会应用链条长，很难用短期的绩效来评估，而且基础研究的可预见性差，不能按照设定的计划来发展基础研究。因此，基础研究也有可能成为创新驱动发展的短板。

5.1.3 研发投入强度与企业研发投入行业分布需进一步优化

创新型国家 R&D 经费投入强度一般在 2.5% 以上，2017 年我国 R&D 经费投入强度为 2.13%，较创新型国家还存在差距。

2017 年，我国 R&D 经费投入前 5 名的行业分别为：计算机、通信和其他电子设

---

❶ OECD: Organization for Economic Co-operation and Development 经济合作与发展组织，简称经合组织（OECD），是由 36 个市场经济国家组成的政府间国际经济组织，旨在共同应对全球化带来的经济、社会和政府治理等方面的挑战，并把握全球化带来的机遇。成立于 1961 年，总部设在巴黎。

　　1961 年的创始成员国：美国、英国、法国、德国、意大利、加拿大、爱尔兰、荷兰、比利时、卢森堡、奥地利、瑞士、挪威、冰岛、丹麦、瑞典、西班牙、葡萄牙、希腊、土耳其（以上为 1961 年的创始成员国）。

　　后来加入的成员，括号内是入会年份：日本（1964 年）、芬兰（1969 年）、澳大利亚（1971 年）、新西兰（1973 年）、墨西哥（1994 年）、捷克（1995 年）、匈牙利（1996 年）、波兰（1996 年）、韩国（1996 年）、斯洛伐克（2000 年）、智利（2010 年）、斯洛文尼亚（2010 年）、爱沙尼亚（2010 年）、以色列（2010 年）、拉脱维亚（2016 年）、立陶宛（2018 年）。

备制造业，电气机械和器材制造业，汽车制造业，化学原料和化学制品制造业，通用设备制造业。R&D 经费投入强度前 5 名的行业分别为：铁路、船舶、航空航天和其他运输设备制造业，仪器仪表制造业，医药制造业，计算机、通信和其他电子设备制造业，专用设备制造业。我国制造业投入比重大，非制造业企业研发投入占比仅为 14.9%，水平远低于美国 33.1% 的水平。

5.1.4　政府投入力度加大，政策环境进一步改善

《公报》数据显示，2017 年国家财政科学技术支出 8383.6 亿元，比上年增加 622.9 亿元，增长 8%；财政科学技术支出占当年国家财政支出的比重为 4.13%，保持了上年水平。

2017 年全社会 R&D 经费实现较快增长，得益于政府鼓励支持科技活动政策落实效果的显著提升和政策环境的进一步改善。以规模以上工业企业为例，2017 年企业享受的研究开发费用加计扣除减免税和高新技术企业减免税分别为 569.9 亿元和 1062.3 亿元，分别比上年增长 16.5% 和 26%，增速分别较上年提高 7.6 个百分点和 6 个百分点。

5.2　科研经费管理现状

科研财务管理分为预算编制阶段、日常经费使用阶段、结题审计验收等几个阶段。近些年，随着研究经费来源的增加和多样化，暴露出越来越多的科研经费管理问题，为了有效地解决这些问题，首先要对问题进行深入分析，然后采取有效的措施。

5.2.1　缺乏完善的经费管理和审计监督机制

科研经费管理是一项综合性强且复杂的工作，需要多个部门之间的协调、配合和沟通。但是，实际工作中科研项目往往是由科研人员负责申请立项、具体实施、结题验收，科研管理部门对科研项目组织管理，财务部门负责科研资金的使用管理。大家各管一摊，缺乏沟通协作。究其原因，根本上是缺乏健全的科研经费管理制度。现有的管理制度不能督促并协调各个相关部门对科研项目的管理工作，未起到事前控制、事中管理、事后监督的作用。同时，科研单位对科研经费未起到有效监督作用，审计监管机制不健全。虽然有些科研单位设有内部审计部门，但多是从事科研项目结题阶

段的事后控制，缺乏项目申报阶段的事前监督和项目执行阶段的事中监督。而且，与外部审计相比，单位内部审计部门普遍缺少专业审计人员，业务能力不强，且独立性受本单位影响，从而很难保证科研经费审计反映情况的真实性。科研经费在使用过程中的问题无法及时发现并采取措施，经费管理制度的执行力不足，科研经费得不到有效使用，更无法从根本上防止科研腐败等不良现象的发生。

5.2.2　科研部门与财务部门的管理存在脱节

科研活动的管理分为科研资金管理和科研项目管理。科研管理部门负责科研项目的立项、日常管理、合同管理以及申报项目，项目结题等。财务部门负责科研经费的收支和会计核算。虽然科研管理部门和财务部门各司其职，但是科研项目的实施是一个综合过程，需要科研与资金的有效配合。但是，实际情况是科研部门不对经费使用进行跟踪调查，而财务人员无法判断资金使用的合理性，同时也缺乏对科研资金运用过程的监督与管理。两个部门之间缺乏有效地配合和良好的沟通，财务部门忽视项目成本核算、绩效考核和项目结余经费管理，科研部门忽视预算编报及执行以及经费使用效益和绩效管理。科研经费管理与项目管理各成一体，错位和脱节现象普遍存在，实际工作中需要交叉配合共同负责完成的地方成为管理的盲点，这种管理模式是导致科研项目存在问题的主要原因之一。

5.2.3　科研预算未发挥作用

预算是一个具有前瞻性的经济计划，是对未来一段时期收入、支出和现金流的全部计划。制定预算是为了寻找一个合理而准确的预算结果，以此来为接下来的执行工作保驾护航。科研项目预算的编制一般由项目组人员完成，通常缺乏专业财务人员的支持与审核。科研项目的负责人和研究人员对所研究领域具有一定的权威性，但是对财务管理方面往往都是外行。但是，经费的管理是科研项目必不可少的环节，这其中表现较突出的是在预算和决算的编制上。科研人员因缺乏相应的财务知识，而且看中研究成果，轻视经费的管理，导致预算编制不科学、不合理。再加上，申报预算等资料掌握在科研管理部门手中，支出报销掌握在财务部门手中，预算与支出互相孤立，科研人员又忙于课题研究，导致实际支出与预算差异较大。到了项目结题阶段，项目负责人才发现支出早已经背离了预算，只能要求财务部门调账，把不合理或不符合预算的支出调入其他项目中，这就失去了预算的作用。

5.2.4 科研经费使用效率不高

近来，科研单位和科研人员涉嫌腐败的案件频发，导致大众对科研经费使用效率的广泛关注。造成在这种现象发生的原因是，一方面缺乏完善的科研项目管理制度。现存的管理制度未覆盖到项目申报、实施、经费管理等全部环节，没有对各部门之间的职责和工作程序做出明确规定，部门之间的沟通协调机制没有形成，导致科研经费使用效率不高。另一方面，经费支出的进度与科研任务的进展无法完全一致。科研项目立项由上级主管部门审批，科研经费由财政部门划拨。项目批准立项后，科研工作立即开始，但是科研经费一般都要滞后几个月甚至更长时间才能到位。这导致科研工作无法按预定计划开展，往往错过研究时间。虽然项目资金到位滞后，但任务必须按合同约定如期完成，致使项目实施期被严重压缩。项目承担单位为了按时完成研究任务有时被迫借入资金注入该项目中，等资金到位，然后再进行调账。或者待资金到位后再开展研究，最佳实施时间已错过。但是，无论经费何时到位，经费开支进度必须按照预算执行到位。那么，为了完成经费支出进度，只能突击花钱。这样容易产生违规报账现象，科研经费使用的效率得不到保障，造成损失浪费等问题。

5.2.5 固定资产管理不够重视

仪器设备是科研单位开展科学研究的物质基础和必要条件。各类项目管理办法中对固定资产都有明确规定，例如《国家科技重大专项（民口）资金管理办法》中规定"行政事业单位使用中央财政资金形成的固定资产属国有资产，应当按照国家有关国有资产的管理规定执行"。"应当严格控制设备购置，鼓励共享、试制、租赁专用仪器设备以及对现有仪器设备进行升级改造，避免重复购置。"但是在实际工作中以下现象经常发生：①固定资产管理混乱。不少科研单位没有规范的固定资产管理制度，有管理办法的科研单位在执行上也比较混乱。包括固定资产的领用、保管没有完整的台账记录。没有定期进行固定资产清查盘点，经常出现账实不符、账账不符。或者实际已经不能使用的仪器设备在账面仍然存在，未履行报废手续。②重复购置固定资产现象普遍存在。科研单位基本上是以科室或者课题组为基本单元，课题组之间普遍没有合作及交叉，申请项目时只关注课题组现有设备是否达到研究需要。对缺少或不能达到研究需要的仪器设备大量购置，造成一个单位内不同部门、不同课题组甚至不同项目间盲目购置、重复购置、结构不合理购置等现象普遍发生，并且常常出现大材小用等不合理现象，导致固定资产闲置，利用率低。

5.3　科研经费管理优化措施

通过分析科研经费管理过程中存在的问题，提出了以下四个方面优化措施，以提高科研经费管理水平，确保科研管理工作健康持续发展。

5.3.1　建立健全财务管理制度

5.3.1.1　建立新会计制度下科研单位财务管理模式

在新会计制度下，为满足科研需求，促进科研进步，科研单位要创建财务管理新模式。财务管理新模式首先要把财务管理、风险控制和内部控制等基本财务管理理念放在制度创新的首要位置。

新会计制度下，科研单位要加强内控流程及业务环节的梳理，树立风险意识和应对机制，对预算管理、资产管理、收支业务、政府采购业务等重要业务板块进行细节设计，尤其是建立完善的财务会计体系后，能更科学、全面、准确地反映单位资产负债和成本费用，有助于提升会计信息的质量，使内控更加有的放矢。内控监督部门及其职能需要更加明确，内审机构和人员需更独立，以保证有效行使监督和评价职能；审计涉及面应更广泛，不仅针对科研经费真实性合法性，还可监控单位成本控制是否合理，风险点防控是否到位。

5.3.1.2　科学管理并合理使用好间接费用

间接费用由管理费用和激励科研人员的绩效支出组成，是科研经费的重要组成部分。间接费用一直是备受争议且比较敏感的科目。一方面是由于认识上的不明确，错误地把间接费用视为管理费。项目负责人对管理部门提取没有发言权，导致在申报项目时将预算中间接费用金额按照最低比例填写，最终导致对单位科研环境以及条件方面的补偿不足，大部分的科研相关的费用从事业费中列支，科研人员绩效支出也无法得到保证。这种将间接费用当作管理费的处理方式，也没有按照相关规定来合理核算间接经费的支出。

另一方面间接费用未发挥其应有的作用。间接费用是指承担单位在项目（课题）组织实施过程中无法在直接费用中列支的相关费用。虽然已对间接费用做出了明确的规定，但仅停留在政策性和纲领性的阶段，没有给出具体的实施办法和相关指导措施，经常在实际操作时出现问题。有些单位在科研经费入账时就按比例提取了管理费，但从会计的角度来看，提前提取管理费有虚列支出的嫌疑，同时虚增了科研经费使用进度。

导致在一段时间内存在项目负责人和科研单位都不能使用这部分间接费用。间接经费变成了闲置资金，甚至到项目结束时间接经费还留在账户里。这种情况显然与国家对间接经费在促进科研活动中所起作用背道而驰，也是对财政资金的一种浪费。

再者，绩效支出缺乏相关制度。《关于进一步完善中央财政科研项目资金管理等政策的若干意见》（中办发〔2016〕50号）中提高科研项目间接费用比重，取消了原来的绩效支出比例限制。但是由于间接费用的比例限制，导致了绩效支出在一些科研项目中还是无法完全体现大量的科研人员付出的脑力和体力成本。比如，人文社科类项目、软件编程类项目主要耗费的是科研人员的脑力和体力成本，实际消耗的有形资源并不多，但是现有的间接费用设置比例并没有根据不同项目的性质区别对待，因此现有绩效支出受制于间接费用的比例，导致与实际情况相比还是偏低，无法完全体现智力和体力成本。

同时，现有绩效支出的分配权利基本上是掌握在项目负责人手中，项目负责人根据参与人员实际贡献情况进行分配，主观意识起决定性作用。缺乏科学、合理的衡量体系，导致绩效支出存在极大的随意性，而如果分配不公，也会极大地打击科研人员的工作热情，无法体现绩效支出的激励作用。

为解决上述问题，科研单位要加强对间接费用相关制度的理解，重视间接费用的管理和使用，并结合单位实际情况，根据间接费用核算的内容制定相关管理办法。间接费用管理办法由单位后勤部门、科研管理部分和财务部门共同参与，测算科研项目实施所消耗的各种费用额度，以此为依据来编制预算，而且间接费用预算要明细化。单位科研管理部门和财务部门要依据费用定额、消耗量对项目预算进行审核，检查预算编制的科学合理性，以此逐步建立间接费用成本核算体系。

要解决间接费用绩效支出的问题，就要建立绩效考核评价制度，充分发挥激励作用。科研单位应建立科学有效的科研项目绩效考评制度，对科研项目实施效果从多维度进行评价。项目立项阶段就应明确绩效评价目标，并结合不同类型项目的目标和研究内容制定相对应的投入及产出绩效考评指标。科研单位根据这些指标，在项目实施周期内开展年度、中期等阶段性考核，在项目验收时根据绩效的完成情况的综合性考核评价，综合考核情况分阶段进行绩效的发放。以此来充分挖掘科研人员的研究潜力，调动科研人员的积极性，激发科研人员工作激情，提高科研人员的待遇及绩效水平，真正发挥科研项目间接费用中绩效的激励作用。

5.3.1.3 要强化法人责任

随着我国科研规模的不断扩大，承担科研任务单位的类型和结构多样化，对科研活动组织管理提出了更高要求。为充分发挥项目（课题）承担单位在国家科技计划以及国家科技重大专项过程管理中的组织、协调、服务和监督作用，国家要求实行科研项目承担单位法人责任，发挥法人责任制在科研项目中的管理职责。推行法人责任制后，承担单位要加强对经费使用的管理监督与支撑服务。

首先，要建立健全承担单位内部经费管理制度，完善内部控制和监督制约机制，认真行使经费管理、审核和监督权，对本单位使用的、外拨的项目经费情况施行有效的监督。其次，要加强间接费使用管理，按照项目预算中核定的金额，与合作单位共同安排好间接费用支出。推行法人责任制后，承担单位需要在单位层面加强技术集成和统筹布局。在单位层面上进行项目研发信息、把握项目进度、加强资源整合、监督经费使用、促进技术转移和成果转化等是具有明显优势的。要充分发挥项目承担单位在国家科技计划以及国家科技重大专项过程管理中的组织、协调、服务和监督作用。同时，每个单位都有其各自的工作任务和总体规划目标，单位所申请的科研项目要符合单位的总体发展方向，不能是某个科研人员或课题组的个别意愿。

5.3.2　加强科研项目经费全过程管理

科研经费全过程管理是将科研经费作为管理对象，结合项目管理办法对科研经费整个生命周期进行的管理，包括预算编制、经费预算执行和结题审计验收三个主要阶段。全过程管理要结合科研活动的实际情况，合理使用项目经费，确保经费使用与实际科研活动保持一致。在以往的科研经费管理工作中，财务部门和项目管理部门一般是被动服务于科研经费的申请和使用等过程。而科研经费全过程管理需要管理部门主动参与到科研经费的全过程当中，形成制度体系，使科研经费的整个生命周期更加合理有序。

5.3.2.1　科研项目经费全面预算管理

全过程预算管理是以目标成本为核心，按照预算的编制、控制、分析、调整、考核等环节开展管理工作，建立科研项目预算管理封闭循环。预算的编制做到项目管理和经费管理的有效结合，保证预算与科研研究的一致性，实现项目业务管理和财务管理的融合，有效提高科研项目管理的水平。预算管理具体内容将在本书第 6 章中详细叙述。

5.3.2.2　提高项目经费使用的计划性

严格履行项目合同是科研项目顺利实施的必要条件。合同中对项目实施内容和计划，以及经费支出科目和金额做出了明确规定，合同一旦签订，表明双方对此规定无异议。在项目实施阶段的一切活动，包括项目经费应按照此约定严格执行。项目财务管理人员要遵守合同有关约定，依据项目执行进展情况来编制项目经费使用进度表。在执行中对于项目中通常发生频次高的科目，如设备费、材料费、差旅费等，财务管理人员要对照合同定期对其使用情况进行核对与分析，按期支付事务费等，来推动科研项目的顺利实施。

5.3.2.3 坚持科研项目经费过程动态管理

在科研项目实施过程中，应坚持科研经费动态管理。首先，要加强科研项目组与管理部门的信息交流，搭建由项目组、财务部门、科研管理部门、审计部门以及资产管理部门等组成的信息平台，将科研经费预算情况、经费使用情况、项目进展情况在各部门之间公开，通过部门之间联动及时明确科研经费使用情况。项目组要对实施进展情况定期汇总，经费使用情况定期统计，借助信息平台让科研管理部门和财务部门及时了解情况；科研部门对科研项目经费预算编制、科研进展程度和科研经费具体使用告知财务部门；审计部门认真对经费进行跟踪审计，将审计报告提交给管理部门，督促科研经费的合理使用。通过多部门相互协作，对经费管理实施动态监管，利用信息化、数字化网络平台构建信息化管理系统，将各个部门通过系统整合，对相关数据进行共享，便于不同部门的协调合作，确保预算经费的执行。从科研项目的申报、评审、检查、后期结算等全过程运用管理信息系统，对项目进行标准化统一管理，促进部门间的信息互联互通，加强对科研经费的管理，提升科研经费管理效率。通过借助信息化管理系统，定期对科研项目经费的使用进行抽查，对发现的问题及时进行处理，防止经费的不当使用。相关部门全方位共同管理，实现科研项目经费的高效利用与配置。

5.3.2.4 加大科研项目经费审计力度

审计监督是科研项目经费预算管理的有力保障。通过加强对科研项目经费的审计监督，促进预算执行力的提高，确保科研项目经费有计划地合理、合规、有效使用，增强预算管理实效。具体办法：加大对科研项目经费立项与结题审计，重点抓好预算编制和决算审计，强化经费预决算管理；审计部门全程介入预算编制与执行过程，强化项目经费的结题审计和效益分析，对重大科研项目或经费数额较大的项目实施跟踪审计；同时也可以聘请会计师事务所开展科研项目预算执行审计或者不定期的进度评估审计，对已经执行的科研项目预算进行剖析，纠正财务预算执行中存在的问题。根据不同情况采用一定的分析方法，从定量与定性两个层面充分反映科研项目预算执行的现状及进度。

5.3.2.5　重视结题验收阶段管理

项目完成后，要尽快对项目进行审核结算，及时做好科研管理的决算工作。对于按期完成的科研项目，项目负责人应当充分清理项目资金，包括应收账款、应付账款和其他往来账户的余额。如存在未结清款项，在合理范围内应留出足额资金。对于延期完成的项目，项目负责人应及时告知相关管理部门，管理部门应告知有关科研项目合同事项，督促其尽早完成项目。项目结束后，为避免科研经费产生闲置浪费，科研单位应按照国家政策，细化科研结余经费的使用细则，完善管理，将剩余经费进行合理运用，或进行深入研究，或作为创新课题基金。财务部门需对经费进行清算，对违规使用情况应追责，并协助进行经费结余的审核，按照规定规范处理结余经费。科研管理部门要结合项目验收意见及审计结论，对需要整改的工作进行落实。

5.3.3　规范资产管理，确保资产保值增值

科研项目资产分成有形资产和无形资产。有形资产指有形的实物，无形资产指研究成果、专利技术、知识产权、成果等。资产管理流程主要由形成、支配、使用及处理等环节组成。科研单位要提升资产管理的意识，并建立资产共享机制。立项阶段，在预算审核时，科研管理部门要会同资产管理部门对资产购置采取统一规划，优先考虑本单位现有设备，然后再结合科研项目的实际需要，审核批准设备购置的预算，从而提升本单位设备的使用率。要对资产申请、购买、调拨、使用、维护、报废等制度进行完善，并监督各部门的实施情况，对于科研项目购置固定资产除了正常的设备购置合同及验收入库手续外，还应加强设备配套的备品备件管理。

资产管理要秉持落实责任，满足使用，节约资金，防止浪费的原则，尽量降低使用成本。要有效提高资产使用率，避免重使用、轻管护现象发生。资产管理具体内容将在本书第 6 章中详细叙述。

5.3.4　严格项目预算执行，确保资金使用安全

项目执行过程就是项目预算实现支出的过程，这个过程是保证项目资金安全的关键过程。实际科研经费管理中，在结题验收和审计阶段经常发现经费实际支出偏离批复预算的范围或预算额度，预算调整频繁，甚至完全偏离预算的现象。因此，要在项目执行过程中严格按照预算控制支出，结合工作实际，从以下几个环节确保资金支出安全。

5.3.4.1　确保科研外拨经费安全

对于需要多家单位共同完成的科研项目，要在项目批复中明确参与单位，编制项目预算时要同时编制各参与单位的经费预算，由项目牵头承担单位负责汇总。项目牵头的承担单位应当根据项目研究进度和资金使用情况，及时向项目参与单位拨付资金，项目参与单位不得再向外转拨资金。

5.3.4.2　加强预算编制和报销支出的指导服务工作

根据国家相关科研经费管理文件规定，每年在科研项目申报前，相关部门都组织预算编制与执行培训，培训内容主要是国家、地方最新科研政策解读，经费预算编制方法、执行要点，财务验收、经费合同中存在的问题等。还可通过开展财务知识基础讲座的方式来指导科研人员进行相关预算管理的学习，解读与预算相关的制度，确保科研人员能够按照财务报销标准科学合理的编制预算。同时，在科研人员编制项目预算时可分配相应的科研管理人员和财务人员参与、指导，这样既节约预算编制时间，又能保证项目经费预算的合理性和约束性，也为将来科研经费的报销和结题奠定了良好的基础。

5.3.4.3　利用信息化手段确保科研经费支出安全

信息化建设是科研财务管理水平提升的必然趋势。科研单位可利用信息化手段来保障科研经费的支出安全，对科研经费从项目立项、项目设置、科目设置、预算额度控制功能方面强化管理，消除人为操纵因素。具体方法在本书 4.3 节中有具体介绍。

第 6 章
科研经费预算与执行管理

"凡事预则立，不预则废"，科研项目预算的管理是科研项目经费前期监管的重点。随着国家对科研经费的投入不断增加，对科研经费预算编制与执行过程中的管理要求也逐渐提升，如何将大体量的科研项目经费做到高效、务实、科学、合理的前期预算，成为科研经费管理的重要环节。本章首先论述了科研经费预算管理的必要性，总结了科研经费预算编制和执行过程中存在的问题并分析了原因，针对这些问题提出了科研单位应采取科研项目全面预算管理。同时，还就容易出现问题的劳务费和科研资产管理进行了专门论述。

6.1 预算管理的必要性

6.1.1 预算能使决策目标具体化、系统化和定量化

预算能够全面综合地协调、规划科研单位内各部门、各层次的经济关系与职能，使之统一服从于未来经营总体目标的要求。同时，财务预算又能使决策目标具体化、系统化和定量化，能够明确规定有关人员各自职责及相应的奋斗目标，做到人人事先心中有数。

6.1.2 预算有助于目标的顺利实现

通过财务预算，可以建立评价科研财务状况的标准。将实际数与预算数对比建立评价可以及时发现问题和调整偏差，使科研活动按预定的目标进行，从而实现最终目标。

6.1.3 预算是财务审计和验收的重要依据

在科研项目审计和财务验收时，项目预算和批复的预算文件都是重要的依据，以此对项目预算执行情况、经费管理和使用情况进行考核和评价。

科研项目预算的编制既要满足国家科研经费的管理制度要求，又要满足科研项目

在实施过程中的不确定性，以及实际执行过程中的调整需求。编制预算是科研立项时的重要组成部分，也是科研单位预算管理重要的任务之一。科研活动探索性强、类型复杂，具有很高的资金管理的政策性要求，这些特点共同决定了科研项目预算管理与其他业务活动预算管理的不同。因此，科研单位应建立健全科研项目预算管理制度，加强科研项目预算管理。

6.2 预算编制和执行中存在的问题和原因

6.2.1 预算编制中存在的问题

6.2.1.1 预算编制不科学

首先，预算科目定义理解偏差。例如，将日常办公耗材计入材料费、非野外考察使用的汽油费计入燃料动力费、外出参加会议发生的差旅费计入会议费、有工资收入人员的津贴计入劳务费等问题。其次，预算编制比例不合理。主要表现为部分科目所占的比例与项目科研实际需求发生偏离，比例偏低或者偏高。例如，某应用技术类型科研项目，在设备预算编制中列入笔记本电脑、台式计算机、打印机等常规设备比例偏高、而专用设备却很少提及；某决策支持类科研项目中，涉及调研、培训、咨询等科目费用所占比例偏低，体现不出决策支持类项目是通过调研、研讨、专家评议等手段进行研究的项目特点，结果导致项目执行中的会议费、咨询费的实际支出严重超出预算。

项目预算编制的不合理，一方面会造成执行过程中经费支出掣肘；另一方面在结题验收时，由于预算编制的不合理造成经费执行率过低，就此造成的结余资金要上交，对于已经支出的预算外资金还要用自有资金弥补。

6.2.1.2 预算编制说明不详细、信息量不足

预算中各科目数额的产生一般由文字描述的预算编制说明和列式计算表达所组成。在实际的预算编制过程中，往往比较重视列式的计算产生的结果，对预算编制说明不够重视，存在表述不详细、信息量不足等问题。预算编制说明是对预算产生的原因和必要性的重要说明，是预算支出是否合理的重要依据。同时，预算编制说明和列式计算结果要一一对应。事实上，在实际预算书中预算编制说明普遍不足以说明预算数额产生的理由；或者所述内容与研究内容不相关；或者所述内容与列式计算结果不同。这在一定程度上体现了预算编制相关工作人员业务能力的不足，预算编制不够重视等问题。

6.2.1.3 支出内容超预算，与预算科目不符

由于预算编制考虑不周全导致执行过程中无法按照预算内容支出，造成不合理支出。例如，差旅费科目预算有结余，为了提高经费执行率，将与研究内容无关的差旅费在此报销，出差地点随意性强，而且出差人员不是项目组成员。这种现象比较普遍。

6.2.1.4 预算科目之间调整较大，不及时履行调整手续

由于对预算编制预见性不强，导致执行过程中有的科目大量结余，有的科目严重超支，为了科研任务顺利开展就要进行预算调整。原则上，预算一般不调整，但在执行中因不可抗因素、政策调整和市场变化等原因，确需调整预算的，要根据相关规定程序执行。预算调整不仅要履行相关手续，还需要一定的审批时间。更重要的是，预算中的有些科目不允许调整，有些科目只允许调减，而不可以调增。有的项目由于对政策了解不够或者履行调整手续不及时，导致影响项目验收。

6.2.1.5 资源不共享，重复编制预算

预算编制中缺少整体统筹与规划，导致仪器设备不合理购置，造成了科研经费较多的投入却未能得到相应的产出。仪器设备不合理购置主要表现在以下两个方面：一是重复购置。同一个单位不同部门或项目组采购的设备共享开放性差，利用率不高。单位内部缺乏资产调配的灵活度，资产都掌握在项目组手里，无法实现盘活存量资产，提高财政资金购买设备的使用效率。项目结题后，单位层面上大批科研设备闲置，也不能对外提供设备使用，长期闲置最后不得不报废处置。对于整个科研行业来讲，大量的资金浪费，购买的设备闲置，无形当中国有资产流失。二是盲目购置。一味地追求档次，把仪器设备的档次等同于科研的水平，造成大量的经费被占用，仪器利用率低。

6.2.2 预算编制问题产生的原因分析

6.2.2.1 科研活动的不可预测性

科研项目的不确定性是表现在两个方面。一方面，科学研究是对未知世界的追问和探索，因此它具有不确定性。在科研项目的预算编制上，很难在事前对经费进行非常准确的估算或预算。同时，由于科技活动存在着类型差异，不同类型的科研项目，其经费的不确定性和不可预见程度也不相同。从项目类型上来看，基础研究、应用研究类项目经费预算的不确定性较大，而软科学和科技成果推广应用类等项目经费预算的不确定性较小。另一方面，科研项目执行周期长，一般为 3 ～ 5 年。期间物价上涨，无可预见和不可抗因素很多，这都给预算编制带来了困难。例如，笔者项目组在所承

担的水专项课题实施期间，按照任务要求，需要开展示范工程建设。由于期间年份降水较多，对部分已完成的示范工程造成较大影响，同时影响了示范工程日常监测数据的采集，导致课题不能按期完成，且重建还需调整或追加预算。科研项目的不确定性是由其自身属性所决定的，这都为预算的编制带来了难度。

6.2.2.2　对预算编制工作不重视

"目标相关性原则"、"政策相符性原则"和"经济合理性原则"都是项目经费申报预算的编制应该遵循的。实际预算编制中，为了争取到经费往往将原则抛之在外，一味地争取经费。这主要是因为对预算编制不够重视，单位领导对预算编制工作的重视程度低，没有对预算编制进行应有的监督指导。科研预算的实际编制人员一般为项目负责人及项目组成员，他们对预算编制缺乏相关专业知识，对经费预算的严肃性、重要性认识不足，对相关经费管理规定不熟悉，没有将项目预算与研究目标、相关政策和经济合理性结合起来，内容上对费用没有进行合理的分配。编制预算仅凭经验估计，宁多要勿少报，认为编制预算的目的就是为了成功申报项目，导致项目预算的编报和实际需求不符，预算可操作性较低，执行起来困难重重。

6.2.2.3　预算定额标准不确定

目前，国家对科研项目的预算定额还没有统一的执行标准。现阶段，由于项目来源不同，所处地区不同，项目类型不同，科研项目在支出科目预算定额不尽相同，这对编制人员准确地编制预算造成了一定影响。经常发生由于预算定额的不确定导致预算的不断修改，或者同一科研项目不同项目组上报的费用不同。

6.2.2.4　缺乏相关部门间的沟通协作

科研项目预算由项目组编制，财务部门负责指导与审核，科研管理部门负责项目管理与合同管理。实际上，科研经费不仅仅涉及财务与科研管理部门，还需要多部门之间科学安排，合理配置，如采购管理部门、资产管理部门和审计部门。但是实际执行过程中，由于管理组织形式松散使得在预算编制阶段只有科研管理部门负责盖章，财务部门由于不了解科研项目、研究领域的专业在预算编制阶段参与度低，而其他相关管理部门的作用被弱化，未能充分发挥应有的管理职能。各相关部门间缺乏统筹协调和有效整合，以及科学合理地编制和安排项目预算，直接造成了预算编制的随意性和重复浪费，所编制的预算没有全面考虑科研项目实施对单位运营的影响，一厢情愿的增加或扣减，造成预算编制不合理，设备、材料等重复购置，使用率低等现状。相关部门间缺乏沟通协作同样也发生在预算执行和决算阶段。

6.2.3　预算执行中存在的问题

6.2.3.1　支出随意，不按预算执行

同单位内部或同项目组内部承担的科研项目较多，随意使用项目资金，不按项目实际执行列支费用，随意支出。例如，甲项目差旅费有结余，乙项目材料费有结余，为了提高执行率，甲在乙课题中支出材料费，乙在甲课题中支出差旅费；购买材料和出差地点、事由完全与研究内容无关；或者按结题顺序支出经费，可先结题的先花，后结题的不着急花，拆东墙补西墙，导致支出不符合预算，后期调账幅度较大。

6.2.3.2　个别科目支出不合理

测试化验加工费内转严重，支付手续不健全，这种情况在承担单位为高校的课题中较常发生。高校一般具备测试化验的资质和条件，且同单位内部无法开具发票，如果内转依据不充分，测试合同和结果手续不全，且不单独核算，易产生内转经费的嫌疑。还存在以测试化验加工费名义将部分研究任务外包的现象。

劳务费、专家咨询费虚列支出内容，列支不规范，在这两个科目中列支本单位职工和课题组成员工资现象。

材料费是预算中易申请且易执行的科目，同时也是审计和验收的重点审查科目。实际预算执行中，为了提高执行率，材料尤其是大宗材料以购待耗，以支待耗，不签合同，没有完整的审批手续等现象普遍存在。燃料动力费中也很难分清耗油为因公还是因私。

6.2.3.3　预算调整频繁所带来的执行困难

由于受到预算编制质量，以及执行过程中人为或外界因素的影响，可能会造成预算调整与修改，频繁地调整预算，会影响预算的执行工作，这也是目前影响预算执行的一项重要问题。

6.2.3.4　临近结题集中支出，突击花钱现象明显

课题临近结题，为了提高执行率，在最后一年大量支出，支出率甚至达到 50%～60%，这就对与研究内容的相关性很难解释了。

6.2.4　预算执行问题产生的原因

6.2.4.1　预算管理组织机构不健全

为了保证科研工作顺利开展，大部分科研单位建立了预算管理组织体系，成立预算管理委员会，明确了职责分工，但是并没有针对科研项目建立相关预算管理机构，

没有配备专业预算管理人员。这样做造成了科研项目预算管理主体的缺失，导致预算编制不科学、预算约束力不强、决算与预算差异较大等问题的涌现，从而大大降低了科研经费的使用效率。

6.2.4.2　预算执行监管不力

科研项目经费预算一经审批必须严格执行，任何个人和单位都不得随意对其进行调整和修改。科研经费主要采取项目负责人审批制度，但是由于项目负责人缺乏预算管理意识、财务知识不专业，不熟悉经费管理办法，简单地认为自己是科研项目的负责人，可以根据课题的进展情况，也可以根据实际需求支配经费。正是这种片面的认识和错误的理解，使得科研项目在执行过程中出现随意变更预算、随意调整支出数额、并未实现与科研项目进度保持同步的情况。甚至会出现开具虚假采购合同、搭车购置小型办公设备、超标准支出劳务费与咨询费用等随意和违规行为。同时，财务部门由于对科研项目、研究领域的专业知识不了解，且对项目进展情况不掌握，对科研项目支出的监督只是简单地审核发票的真实性、审核报销内容的合理性，并未从根本上起到管理的作用。科研单位对经费的拨付与预算的执行控制力不从心，预算支出额度控制前松后紧，造成了经费管理者与使用者之间存在矛盾，预算管理风险预警更无从谈起。

6.2.4.3　缺少预算执行效果的绩效考核机制

目前，对科研项目的验收更多关注的是科研经费使用与管理的政策性问题，缺少项目经费预算的绩效考核。即使有考核，也主要对部门、科室考核，以科研项目为对象的考核较少。而且考核职责不明确，考核指标不完整，且主要侧重于执行效果考核，考核导向有所偏移。由于预算考核体系的不完善，预算指标没有分解到具体项目，项目预算与员工绩效没有真正的挂钩，导致预算管理与项目绩效目标考核无法有效的衔接。

6.3　科研项目全面预算管理

针对当前科研经费预算与执行中存在的问题，采取科研项目全面预算管理，来提高预算编制的科学性和准确性，加强对科研经费的控制能力，增强相关部门间的沟通和协作能力，实现预算执行效果绩效考核，达到加强科研管理的目的。

6.3.1　全面预算管理概述

科研项目全面预算管理是利用预算对与科研项目相关的各部门、各单位的各种财务及非财务资源进行分配、考核与控制，以便有效地组织协调科研活动，完成既定的项目目标。科研项目全面预算管理体系由预算组织体系、预算编制体系、预算执行体系、预算调控体系和预算考评体系构成。全面预算管理是全方位、全过程、全员参与编制和实施的预算管理模式。

全方位是指全部经济活动均纳入预算体系。将全面预算管理的内容渗透到科研项目日常管理活动的各个环节。体现在以下两个方面：一是科研项目全面预算管理是项目整体的管理，涉及项目的范围、进度、资产、费用、风险、质量、人员、成果等内容；二是科研项目负责人以预算为基础，实现科研项目各个方面的科学化和规范化，保证科研项目按预算完成，使科研项目从启动到结束过程中的每一个方面都处于有效地监督和控制状态，以此来提高项目预算的有效性。

全过程是指各项经济活动的事前、事中、事后均要纳入预算管理过程。它不仅包括科研项目的选题、研制计划、申报立项，还包括项目批复后的组织实施、控制与调整、检查与评估。体现在以下两个方面：一是根据自身的科研战略发展规划，将可支配的资金进行初步规划，编制科研项目总体预算；二是对科研项目活动过程的控制，科研项目预算在执行过程中，任何与预算指标的偏差通过财务核算都可以被发现，并通过预算的监督与调整来确保科研项目按照预算进行，科研项目结束后，评判预算的实际执行情况是否实现预算目标。

全员参与是指各部门、各单位、各岗位、各级人员共同参与预算编制和实施。全面预算管理需要各部门上下配合，全员参与的，不是某一部门或者某个人的事情。体现在以下两个方面：一是财务部门与各全面预算职能部门应共同参与，相互沟通，建立科研管理、财务管理、资产管理、质量管理等多部门协同管理机制，对各类资源进行统筹、规划；二是全面预算管理将科研战略目标层层分解，最终落实到每个项目干系人，使每一名科研项目成员都更清楚自己所面对的科研目标及任务，即每一个项目干系人都是全面预算的主体，都对应着科研项目一定的责任和利益，从而保证全面预算管理整体目标的实现。

全面预算管理对科研项目实施全过程控制，通过预算的编制过程进行事前控制，通过预算的执行过程进行事中控制，通过预算的分析与考评过程进行事后控制。

6.3.2 全面预算管理在科研项目管理中的作用

6.3.2.1 提高预算编制的科学性和准确性

通过全面预算管理在预算编制、执行、分析及考核中的全过程参与，实现对科研成本的评估，分解和细化科研型项目各阶段所需经费，并统筹规划和协调分配科研单位现有资源，提高科研项目中资金使用的合理化和精细化程度。同时，随着大数据时代的到来，将大数据运用到全面预算管理中，来全面提升全面预算管理体系。大数据不会改变全面预算管理的流程，它是从根本上改变获取信息的方式，分析信息的手段，传递信息的途径以及处理信息的方法，促使了其基础数据以及数据来源发生根本性的变化，使全面预算的编制更加的多元化。

6.3.2.2 加强对科研经费的控制能力

全面预算管理在预算编制阶段，通过预算控制的手段，可降低风险发生的概率。在预算执行阶段，全面预算管理可对预算变更和超额预算审核实施管理。对提出预算变更的，要加强变更理由审核，对确需要变更的，要严格落实审核权限管理。对于未提出变更且未按预算执行的，要采用问责制管理，将预算超支的原因追责到具体相关责任人。因此，全面预算管理能够实现对科研经费的控制和管理，为科研项目的开展提供有力的保障。

6.3.2.3 增强相关部门间的沟通和协作能力

全面预算管理是一个全员参与的过程，通过预算编制，单位内部各相关部门从中能够了解自身在整个科研项目中所处的位置和所应该发挥的作用，进而加强与其他部门之间的沟通和协调，相关部门之间保持目标和步调的一致，实现资源的协调和科学配置。

6.3.2.4 实现预算执行效果绩效考核

将全面预算管理执行情况同科研单位绩效考核工作相结合，与科研人员、管理人员的职位变动等挂钩，一方面能够激发员工在科研资金使用效率中的积极性和主动性，有助于落实全面预算管理活动中全员参与的管理目的，另一方面全面预算管理也可为科研项目预算执行效果的绩效考核提供科学及精准的指标体系，以此来达到充分发挥科研项目资金使用效率的目的。

6.3.3 全面预算管理的实施途径

6.3.3.1 增强全面预算管理意识

要想做好科研项目全面预算管理工作，必须摒弃预算管理的固有思想，增强科研项目全面预算管理意识。科研单位应向全体人员宣传全面预算思想，将全方位、全过程、全员参与编制和实施的预算管理贯彻到位，定期组织科研项目相关人员学习全面预算管理的知识，不断丰富全面预算管理手段和形式，提高全面预算管理水平。

6.3.3.2　组建全面预算管理部门

在科研单位内最高决策部门下建立全面预算管理委员会，负责决策和组织协调全面预算工作。全面预算管理委员会是全面预算管理体系的枢纽，起着预算协调、控制与考评的作用。在预算管理委员会下还可设置由财务部门、科研管理部门、审计部门、采购管理部门、资产管理部门、人事部门等部门人员组成的预算管理办公室，负责对各预算责任单位的预算编制、执行控制和业绩考核进行组织协调和全过程控制。科研单位各业务部门或项目组作为预算责任单位，在全面预算管理委员会的领导下负责科研项目的预算编制和实施。各项目组要积极提供项目实际信息，向全预算管理部门及时反馈，确保全面预算指标落实到实际科研工作中。

6.3.3.3　施行全面预算编制的流程

（1）拟定科研总体目标。全面预算管理委员会以科研长期规划为基础，利用战略的眼光，结合科研单位实际情况编制全面预算，拟定科研总体目标。

（2）细化拆分总体目标，逐级下达。全面预算管理办公室对总目标进行细化拆分，并下达各科研项目管理部门分目标，科研项目管理部门再将分目标进行细化，下达到各科研部门和科研项目负责人。

（3）制定预算方案。科研部门和科研项目负责人根据管理部门下达的目标，结合自身的实际情况来制定预算方案，然后上报给所属管理部门。所属管理部门对各项目的预算方案进行汇总平衡，制定出本部门的预算方案，并报全面预算管理办公室。

（4）审核预算。全面预算管理办公室对所属管理部门提交的各项预算方案进行审核，最终形成科研项目的预算报告。预算报告上报全面预算管理部门进行审议批准。

（5）反馈预算。全面预算管理部门将审批后的预算方案反馈回各科研部门和科研项目负责人征求意见。

全面预算的编制是一个循环过程，需要各部门经过多次沟通和协调才能形成最终的科研项目预算。一旦预算方案确定后，应立即逐级向下批复，要求各部门严格执行。

6.3.3.4　建立全面预算监管体系

科研单位应建立全面预算监管体系，确保全面预算的控制体系贯穿科研活动的各个环节，覆盖到所有科研部门和科研项目。科研管理部门应定期或不定期地对在研的科研项目进展情况进行调查，督促项目负责人按照项目预算开展科研工作，同时将调查结果送达财务部门。财务部门应根据科研项目的进展情况结合经费使用情况对全面预算的执行情况进行检查，如发现问题应及时采取措施，分析问题产生的原因，监督限期整改。

在科研项目执行过程中，要加大全面预算控制的力度，严格执行预算定额标准，对超预算的资金支付，严格实行审批制度。同时，还要建立全面预算执行效果的绩效考核机制，将其与单位内部的绩效体系相结合，把预算考核和各责任部门、个人的工作业绩相结合，确定合理的奖惩原则，建立可操作性的奖惩制度。

6.3.3.5　建立全面预算管理信息化平台

全面预算管理信息化平台是全面预算管理的重要保障，通过信息平台对科研项目申报、预算、立项、执行、结题等预算进行全过程管理，实现实时动态地查询、统计、分析，保证科研项目全面预算的顺利进行，使科研项目全面预算管理更加透明和高效。

全面预算管理信息化平台在设计上要满足纵向和横向的全方位要求。纵向是指预算申请、预算分配、预算执行、预算调整、预算分析、预算反馈等全过程预算管理；横向是指预算的统筹管理、投资管理、核算管理、采购管理、人事管理等全面衔接。功能上要体现全面预算需求、内外部管理需求、项目管理需求和决策支持需求。

（1）全面预算需求。要覆盖预算管理的所有环节，体现预算的全方位要求。全面预算管理信息化平台可利用科研单位现有的管理系统与其对接，以获取所需数据，提高预算编制的准确性和效率。

（2）内外部管理需求。利用全面预算管理信息化平台既可以满足单位内部分析、内部预算控制的需要，也要满足对外申报预算的需要。科研项目管理部门将科研项目的基本信息、批复预算等信息录入平台中。财务部门将每笔科研项目收入和支出共享到平台中，如果某项支出与预算不符，系统会自动提示，从而达到有效阻止不合理的开支目的。项目负责人可随时登陆科研项目管理信息系统，查询各项目经费的支出情况和结余情况，并根据项目进展情况调整各项支出，保证项目支出与预算的一致性。各相关部门可通过全面预算管理信息化平台对科研项目的预算进行实时的动态查询、统计、分析，共同确保科研项目全面预算的有效实施，使科研项目全面预算管理更加透明和高效。对于外部管理，财务部门能够利用平台功能可及时得到上级财政管理部门所需的预算数据。通过全面预算管理信息化平台，实现内外部协同管理，满足多方位预算需求，提高工作效率。

（3）决策支持需求。全面预算管理信息化平台要具有强大的分析功能，通过数据挖掘，发现数据间的深层次联系，以获得数据表面无法得到的信息，以此对资源配置、资金需求、收支变化等方面进行预测分析，为科研项目的各项决策提供准确的数据支持。

6.4　劳务费管理

科研项目劳务费是指在项目实施过程中支付给参与研究的研究生、博士后、访问学者以及项目聘用的研究人员、科研辅助人员等的劳务性费用。包括劳务费和社会保险补助费用等，有工资性收入的在职人员原则人不得领取劳务费。劳务费原则人由报销单位财务部门通过转账支付方式转入个人银行卡。任何人不得以编造虚假合同、虚列人员名单等方式虚报冒领劳务费。劳务费的发放期间应与项目研究周期相符。同时，项目组及科研项目负责人做好相关人员的科研工作记录、强化业绩考核，确保劳务费发放有据可依。劳务费在使用过程中存在一些问题，这些问题会使部分科研人员的心态浮躁，不利于提升科研效率。本节分析了科研劳务费违规问题和原因，提出了强化劳务费管理的对策建议。

6.4.1　科研劳务费违规现象及原因分析

科研劳务费一直是科研经费管理的重要组成部分，国家先后出台了多项科研劳务费管理办法，并且各项科研项目都对劳务费的支出对象和支付比例做出了严格限定。虽然针对劳务费的管理政策已经很明确且严格，但是从劳务费管理的实际情况来看，劳务费报销中存在着诸多不合理现象，有些行为甚至已经触犯了法律。

6.4.1.1　科研劳务费管理存在的问题

虚列劳务人员名单，套取科研经费。个别项目打着劳务费的旗号，虚列劳务人员名单，套取科研经费。比如与熟识的学生或相关人员串通，将科研经费转卡套现，或编造名单和签字冒领劳务费，而实际相关人员从未取得所谓的劳务报酬。将非法获得的劳务费占为己有，或者根据参与人员的表现再进行二次分配。

劳务费报销事由与科研项目研究内容不相关。由于一些原因，不同项目之间串换支出劳务费，或者编造劳务内容，报销理由与项目研究内容没什么联系，甚至毫不相关，出现了"假的真发票"现象。

特殊原因导致实际支出劳务费无法报销。由于某些科研内容的特殊性质，所雇佣临时劳务人员无法开具发票或者提供身份信息，因此基本无法如实报销发生的劳务费。需野外调查的科研项目，要雇佣当地居民搬运设备或协助科研活动，由于地处偏远、经济落后，无法通过银行转账方式发放劳务费。这种情况只能发放现金，并让当事人签字确认，甚至邀请村干部盖章见证。这样做在单位报销时有可能被认可，但是审计检查时是无法通过的。

造成劳务费管理中这些现象的主要原因分析如下。

6.4.1.2 劳务费管理中发生问题的主要原因

（1）劳务费发放标准不统一

国家出台了多项科研经费管理办法，其中针对劳务费的支付范围和支付比例做了明确的规定，但是对劳务费的支出标准却没有明确说明。导致劳务费发放额度主要由项目负责人主观决定，不同的单位或科研项目发放的额度差异较大。针对劳务费的支出标准不明确的问题，大部分科研单位结合自身实际情况制定了相应的劳务费管理办法，但是自行制定的管理办法一般都更新较慢且比较笼统，劳务费管理效果通常也不理想。

（2）劳务费支付对象范围不合理

科研项目管理办法中对劳务费支付对象的规定，基本上都是支付给参与科研项目的研究生、博士后、访问学者以及项目（课题）聘用的研究人员、科研辅助人员。而不能支付给参与项目研究的单位内有固定工资性收入的人员。科研人员的脑力支出在项目经费中没有得到有效地回报，不能从科研经费中得到的劳动补偿或者劳动投入的价值体现，导致科研人员想方设法扩大科研经费支出，增加科研直接费用和间接费用，或者违规套取劳务费，利用这些手段得到科研经费对自我劳动投入的补偿。

（3）劳务费报销制度不完善

科研人员在科研经费报销时基本都遇到过这种情况，对于野外调研、社会调查的项目，住宿的地点无法提供正规发票，或者雇佣的临时劳务人员无法提供银行卡时，这样产生的费用在报销时候往往举步维艰。这种情况下需要提供正当理由和说明，附上身份信息和联系方式，需要单位主管部门领导的签字，通常情况下可以报销。但是，在审计时往往无法被通过。这样下去，导致科研人员花费在经费报销上的时间过多，同时也挫伤了科研工作者的热情，诱发消极态度。归根结底，产生以上现象都是由于科研经费的报销制度教条主义，不灵活所造成的，这显然是不科学，也是不公平的。

6.4.2 科研劳务费管理的对策建议

6.4.2.1 科学合理安排预算

科研项目劳务费的预算编制要注意以下三方面问题。首先，劳务费预算的编制要与科研项目研究目标和内容相一致。科研项目中的劳务费是支撑科研目标实现的重要保障，因此预算中要体现劳务人员在科研项目中承担的任务内容，并根据投入的工作量来编制劳务费预算。其次，劳务费预算的编制要实事求是。劳务费预算编制前可根据以往工作经验，或者做好前期调研工作，来合理预计工作量和用工成本，不可虚高或者偏低，以便预算的顺利执行。最后，劳务费预算编制要充分考虑科研项目的特点。不同科研项目类型决定不同的经费构成比例。对于规划设计类、咨询服务类、考古类等社科项目需要大量劳务投入和项目人员费用在劳务费预算编制中可提高其所占比例。

6.4.2.2　健全劳务费支出规章制度，明确劳务费开支范围和标准

要健全劳务费支出的规章制度，制定合理的劳务费支出范围，规定统一的劳务费支出标准。明确的劳务费开支范围和标准是劳务费发挥其发放作用的有效保障。即通过明确的开支范围和标准来规范劳务费发放行为，按照对科研项目付出劳动的多少，合理考虑各方利益，避免违规现象发生。2016 年，国家出台的《关于进一步完善中央财政科研项目资金管理等政策的若干意见》（中办发〔2016〕50 号）中明确提出，要提高间接费用和人员费用比例。增加间接费用比重，用于人员激励的绩效支出占直接费用扣除设备购置费的比例最高可从原来的 5% 提高到 20%。对劳务费不设比例限制，参与项目的研究生、博士后及聘用的研究人员、科研辅助人员等均可按规定标准开支劳务费。2018 年，广东省出台的《广东省财政厅关于省级财政社会科学研究项目资金的管理办法》中规定，广东省财政社会科学研究项目聘用人员的劳务费开支参照当地科学研究和技术服务业人员平均工资水平以及在项目研究中承担的工作任务确定，其社会保险补助费用纳入劳务费列支。劳务费预算应根据项目研究实际需要编制。劳务费不设比例限制。同时，为了补足本单位参与本科研项目的在编人员工资性支出，该管理办法中增设了人员费，项目承担单位属事业单位的，除实习生均拨款的学校和医院外，可从直接费用中开支在编人员的人员费。

这些科研项目管理规定明确了劳务费的开支范围和支付标准，既保障了参与研究的无工资收入的非正式人员的利益，又保障了有工资收入的正式科研人员的利益，同时还能避免为弥补科研人员劳动收入而违法套取劳务费的现象发生。因此，科研单位要严格落实国家相关的政策文件，制定科学合理、行之有效的劳务费管理制度，力求做到劳务费支出真实、标准、合规。

6.4.2.3　做好劳务费发放依据的日常管理工作

劳务费发放依据即参与项目研究的符合劳务费开支范围的劳务人员的工作情况记录，包括出勤情况、工作内容、工作时间等等。每个科研项目组应指派专人负责此项工作，且记录内容应由本人签字确认。财务报销或审计时可要求经办人提供此项材料，作为劳务费报销的重要凭证。同时，劳务发生后应及时报销，劳务费报销应按月完成，不允

许突击报销。通常情况下，报销的劳务费由财务部门通过银行卡支付到劳务人员手中。

6.5 科研资产管理

随着国家对科研经费投入的不断增加，科研条件和科研环境都有了很大的提高，形成了大量的科研资产，但是科研单位对科研资产管理的重视程度还不够，导致国有资产流失严重。因此，加强科研资产管理势在必行。本节介绍了科研资产的分类及特征，分析了科研资产管理中的问题及现状，并提出了相应的管理措施。

6.5.1 科研资产分类及特征

按照资产的表现形式，可分流动资产、长期投资、固定资产、无形资产、递延资产等。其中，与科研项目相关的主要涉及固定资产和无形资产，本节主要论述科研项目的固定资产和无形资产管理。

6.5.1.1 固定资产

固定资产是指使用期限超过一年，单位价值在 1000 元以上（其中，专用设备单位价值在 1500 元以上），并在使用过程中基本保持原有物质形态的资产；对于单位价值未达到规定标准，但耐用时间在一年以上的大批同类物质，视为固定资产管理。

科研固定资产是指科研单位为保证科研项目正常运行所购置的有形资产，是确保科学研究活动的物质基础。科研固定资产来源于国家财政科研项目的预算支出，是国家财政支出物化的结果。其特点主要有：①来源多元化。主要来源有国家财政拨款、企业资金支持或捐赠、科研经费购买、自有经费购置以及自制形成。②种类繁多、形态多样。包括仪器设备、工位器具、家具等，且形态多样、数量庞大。③多部门参与管理。依据固定资产生命周期，从资产购入使用直至报废处置按照"统一领导、分级负责、归口管理和管用结合"的原则，通常都由财务部门负责"钱"和"账"的管理，资产管理部门负责归口管理和实物总账管理，各使用部门负责建账管理。④使用灵活性。主要表现在，一方面由于科研项目研究地点和研究时间上多变性，使其存放地点也不确定。另一方面，可通过付费的方式实现大型仪器设备的共享使用，这种方式可节约资金，避免重复购置，推进科研水准的提升。

6.5.1.2 无形资产管理

无形资产是指不具有实物形态而能为使用者在一定时期内提供某种权利的资产。无形资产不仅仅是一种可评估的资产，也是一个企业综合实力的集中体现，是科技、文化、工艺、管理和营销水平等多个方面的共同凝结。

科研无形资产主要是指通过科研项目、研究课题等自行研发途径所取得的，可分为可识别的无形资产和不可识别的无形资产。可识别的无形资产主要是指以实体形式存在的无形资产，包括科研单位的科学技术研究成果、专利技术、知识产权成果、著作以及为科研工作提供的各种网络平台基础建设。不可识别的无形资产主要是指科研单位的相关活动在社会上产生的信誉，以及通过各种活动搭建的关系网络等。科研无形资产的特点有：①时效性。科技日新月异，各项技术更新换代速度很快，无形资产会随着新技术的产生而逐步失去价值,因此无形资产的价值是具有时效性的。②独特性。科研无形资产通过科研项目研发而来，最终形成知识产权，因此具有独创性。③不确定性。首先，科研无形资产的产生过程就具有不确定性，需要经过无数次的试验与重复，不断完善、总结凝练，而且往往是不受人为控制的。同时，无形资产的管理受政策、经济、市场等多方面因素的影响，导致其所产生的收益也具有不确定性。

6.5.2 科研资产管理问题与现状分析

6.5.2.1 科研资产管理制度不健全，重视程度不够

科研单位根据国家有关规定制定了相应的固定资产规章制度，但大部分是针对单位层面上的固定资产管理制度。科研单位因其特殊性质，需要根据科研活动的需求购置大量的仪器设备，但是科研单位普遍缺乏针对科研资产的管理制度。致使科研资产购入后缺乏制度上的约束与监督，使得科研设备成为部分人的"私有财产"，重复购置等浪费现象普遍存在。而且长久以来,科研单位对科研固定资产管理的普遍态度是"重拨款，轻管理""重采购，轻管理""重使用，轻处置"，管理制度的不健全和管理意识的淡薄导致了固定资产管理不到位。

对于无形资产的管理可以说是不尽如人意，监督模式粗放，管理制度不健全，导致管理漏洞多，资产流失严重。无形资产管理问题的根本原因在于对无形资产的重要程度认识不到位。企业的竞争体现在市场上，市场竞争体现在商品上，商品竞争体现在技术上，技术的竞争体现在无形资产的保护上。由此可见，无形资产的重要性。虽然无形资产如此重要，但是在实际管理中，并没有得到足够的重视。科研人员用智慧和劳动创造为单位创造了大量的无形资产，这些资产都是科研单位和国家的宝贵财富，但是这些宝贵的财富没有得到应有的保护。科研单位对于无形资产的管理没有形成体系，未设有专门的管理部门，基本上由其他部门代为管理，缺乏内部控制管理制度，管理的各个环节联系不紧密，缺乏统一、有效的管理制度与政策作为引导，而且缺乏

有效的分析和评价方法，产权关系不明晰，成果无登记或登记不全，没有形成对无形资产的日常管理与监督。

6.5.2.2 固定资产共享机制不完善

目前，部分科研单位内部没有建立固定资产共享和调剂机制，科研仪器设备部门之间不愿资源共享，使得大量的固定资产不能在有效期间充分发挥其应有的价值，部分仪器设备直至被放坏或者淘汰，造成了资产的大量浪费。实际上，各类科研项目资金管理办法中都要求大型仪器设备要开放共享，例如《国家科技重大专项（民口）资金管理办法》中明确提出了"中央财政资金形成的大型科学仪器设备、科学数据、自然科技资源等，按照规定开放共享。"部分科研单位、高校都按相关规定建立了共享、调剂的平台，提供闲置资产内部调剂，以此来优化资源配置。但实际上平台利用率不高，缺乏有效地引导、管理和监督，导致平台形同虚设，最终没有起到科学规范的共享、联合和竞争的效果。

6.5.2.3 无形资产财务核算和后续计量上存在问题

科研无形资产基本上是由单位内部科研人员自主研发而成，属于自创无形资产。自创无形资产的支出分为研究阶段和开发阶段，研究阶段的支出应当费用化，开发阶段的支出在满足条件的情况下应予以资本化。但是，由于缺乏完整的无形资产计量和核算的规则，导致无形资产核算较为困难。实际中，有的科研单位将两种支出混淆，或者没有形成明确的划分原则，造成无形资产初始计量金额存在很大弹性；有的科研单位在关于无形资产研发核算会计科目的选用较为随意，不分情况地对自行研发的开支全部直接费用化；有的科研单位甚至放弃了无形资产的计量核算工作，无形资产价值无法反映到账面上，慢慢地也就忽视了对其的管理。

具体到科研项目上，其成本比较难以计量。例如，就科研项目中的某一新方法或技术申请专利，并不是以整个项目内容形成某一项专利，形成这项新方法或新技术的支出只占整个项目支出的一部分，其成本很难被计量。再者，对于科研项目通常只注重在研项目成本核算，项目结题后，其核算工作也就随之结束。但是，事实上许多项目会根据研究的成果申请并取得专利权，会进行成果登记。当这些成果、专利应用或转让时，就形成了无形资产。但由于项目核算已结束，这部分无形资产没有再入账来进行无形资产核算。当这部分无形资产转让、应用产生收入时，直接计入事业收入或其他业务收入，却没有相应的成本费用相配比，导致无形资产在会计核算上的脱节，无形资产基本上没有在账上得到反映。成果应用效益回报上也难以找到数据加以衡量，造成无形资产核算上的漏洞，个人私自将科研成果开发和转让，把单位成果据为己有，损害单位和集体的利益，造成无形资产流失。

科研单位自创无形资产的使用寿命一般不好估计。对于使用寿命不确定的无形资产在使用期间不进行摊销，而是在每个期末进行减值测试。资产减值测试需要企业财务会计人员根据企业外部信息与内部信息来判断企业资产是否存在减值迹象，有确切证据表明资产确实存在减值迹象时，则需要合理估计该项资产的可收回金额。无形资产进行减值测试非常复杂，需要由具备专业财务知识和丰富财务经验的财务人员来完成。而科研单位执行事业单位会计制度，会计业务相对简单，财务人员不具备对无形资产进行减值测试的能力，因此对自创的无形资产一般也不进行减值测试。即使发现有减值迹象，也不提无形资产减值准备，这会造成无形资产的账面价值与实际价值不符，造成账面价值虚高，容易误导报表使用者的分析判断，可能造成财务决策失误等。还有，许多无形资产被淘汰出市场后，没有及时对其进行账务处理，因而不能准确反映科研单位无形资产确切的情况。

6.5.2.4　资产管理缺乏监督机制

科研单位对于为科研项目所购置的固定资产的管理态度普遍是"重资金，轻实务"，对所购置的仪器设备等能否满足项目研究需要，是否能够促进科研成果的产出，是否能够最大限度地实现资产使用效益，资产管理部门基本不关注。究其原因，主要是由于科研单位对于资产的管理没有明确的科研资产的利用情况、管理细则、绩效分析等具体管理，缺乏完整可行的考核制度，导致科研资产购入后缺乏制度上的约束与监督，使得科研设备成为部分人的私有财产，形成重复采购等严重浪费现象，极其不利于科研成本的节约。

6.5.3　科研资产管理措施

6.5.3.1　完善科研资产管理体系建设

科研单位针对科研资产要提高管理意识、完善管理结构，健全管理制度。

提高管理员意识。意识决定行为，首先要重视科研资产的管理，一方面从领导层面加强对科研资产管理的重视程度，提升风险意识，加强内部控制。另一方面在单位组织领导下，通过宣传、培训等方式开展资产管理相关法律法规的普及活动，力求让全体成员充分意识到资产管理的重要性，从根本上提高资产管理意识，共同促进资产的保值和增值。

完善管理结构。科研单位根据科研资产的具体情况来完善资产的管理结构，加强相关部门之间的联系与合作，对科研资产实施全过程管理。固定资产管理程序如下：

首先，根据各科研项目所购置的固定资产数量、使用情况建立固定资产管理条例，细化预算、审批、购置、处置和报废条款细则；其次，资产管理部门定期盘点清查，检查结果详细记录并留档，实行责任问责制，具体落实到个人；最后，从科研固定资产的立项论证、采购、使用到报废处置采取全过程管理，充分发挥科研固定资产价值，力求最优使用期限。

科研自创无形资产管理应覆盖其整个产生的过程，应包括无形资产管理制度的制定、无形资产的项目研发审批、无形资产的会计核算与审计、无形资产的保值增值、无形资产的日常保管与维护等内容。

健全管理制度。科研固定资产的管理应建立完善的资产管理制度和定期清查机制，采取资产记录、实物保管、定期盘点、账实核对等措施，借助信息化手段进行资产日常管理。建立固定资产采购制度、固定资产内部调拨和转让制度、固定资产日常维护制度、固定资产报废制度，并强化资产存量信息对资产配置的决策支持。目前，国家还没有形成有效的、统一的无形资产评估体系和评估标准。现阶段，科研单位可根据所承担的项目特点，制定符合自身实际的科研无形资产管理制度，并严格执行。管理制度内容应涉及无形资产的取得、投资、转让、收益分配等方面，包括无形资产管理责任制度和无形资产内部审计制度。

6.5.3.2 资产管理与预算管理相结合

预算管理是资产管理的前提，资产管理是预算管理的延伸。预算是资产形成的主要来源，资产的日常维持运转和价值补偿主要依靠预算安排来实现。同时，资产的存量是预算编制的基础，预算资金分配的有效性直接影响着资产管理的水平。因此，资产管理和预算管理是密不可分的，将科研预算管理与资产管理相结合，处理好资产存量管理和增量管理的关系，能够提高资产管理工作的效率以及质量，提升资产管理的安全性与完整性。预算管理与资产管理结合的主要措施为：首先，加强资产使用过程中的预算监管。要规范资产的日常管理及使用监管，避免资产使用过程中的空置与浪费现象；要加强单位内部资产调配，减少重复购置现象，充分发挥其使用功能。其次，加强新增资产的预算审批与监管。购置科研资产的预算审批要重点审核其与科研项目研究的相关性，确保新增资产配置的科学性、合理性。新增资产购置完成后要及时上报，资产管理部门严格编写资产名录，定期盘存检查，与预算管理挂钩，防止资产重复购置。最后，还应对新增资产预算管理进行绩效考核。考核预算执行效果，以及资产运行情况和使用效率等。

6.5.3.3　转变观念，加强无形资产清查核算评估，充分发挥其应有价值

第一步，科研单位要转变"重有形资产管理，轻无形资产管理"的观念，充分意识到无形资产在科研单位发展中的不可替代的作用。第二步，对无形资产进行全面的清查和申报。科研单位应对其拥有的专利权、专有技术等无形资产进行彻底的清查，按照相关规定和要求，计算并确认无形资产价值，并向有关部门进行财产申报和产权登记。第三步，对无形资产进行会计核算及评估。要对科研无形资产进行会计核算，实施无形资产的全面监管，定期对本已结题的科研成果、专有技术等无形资产的未来收益、经济寿命、资本化率进行评估和确认。对确认为无形资产的按无形资产的取得、分期摊销、对外投资、转让等进行会计核算。对暂时未确认为无形资产的也进行备查登记，跟踪管理。这样做可为科研单位无形资产的动态情况、开发应用和投资决策等提供科学可靠的依据；还可防止因无形资产的遗漏而发生低价处理或人为侵吞等违法行为。第四步，制定无形资产管理制度。要建立健全无形资产管理制度，设立专门的无形资产的管理部门，配备专职的管理人员，明确无形资产的管理方法、程序、奖惩措施等，制定无形资产开发、利用、创新的计划。建立对无形资产创造和转化的激励机制，对于有成果、有贡献的科技人才给予充分的肯定和奖励。最后，要做好无形资产的成果转化。科研单位应盘活现有的无形资产，提高其利用效果，挖掘潜在利益，创造出最大的经济效益。

第 7 章
科研档案管理

科研档案是指形成于科研工作中，且具有保留价值的资料。科研档案是科研活动的真实记录，是科学技术储备的一种形式，是一项重要的信息资源，它既要完整地、准确地反映科研成果及其形成过程的全貌，又是继续进行科研活动和推广研究成果的依据。

科研档案的管理是科研管理系统的重要组成部分，科研档案的管理应从项目申请、立项论证、组织实施、检查评估、验收鉴定、成果申报、科技推广，到档案入卷，贯穿科研活动的整个过程。科研档案的管理对科研单位科技创新、知识产权保护和科研成果效益最大化起到助推作用，因此科研档案的管理工作越来越受到关注。以国家科技重大专项管理为例，管理部门已将档案管理工作纳入重大专项管理整体工作，对档案管理工作进行统筹协调和指导监督。已下达了科技部关于印发《国家科技重大专项（民口）档案管理规定》（国科发专〔2017〕348 号）的通知，管理规定中对归档范围与质量、过程管理与保存、档案验收、共享与利用、监督检查与考核奖惩等方面提出了详细的要求与实施方法。项目（课题）承担单位应将档案验收纳入管理工作程序，实行同步管理。项目（课题）验收前要进行档案验收，档案验收合格后，方可进行项目（课题）验收。

7.1 科研档案的特点

科研档案是科学技术活动的真实记录，贯穿于整个科研活动的各个环节，其形成过程是渐进的、连续的。科研档案与普通的文书和一般的科技档案是有区别的，具有其特有的特点。

7.1.1 科研档案与其他档案的区别

科研档案属于科技档案，要遵循成套性的整理原则，因此在档案的整理上与普通的文书档案不同。但是，科研档案与一般的科技档案也不尽相同。一般科技档案是遵循科技活动的发展过程，待最终形成结果后一并成套归档。但是，科研活动具有不确定性，科研项目最终能否到达最后的阶段是不确定的，所以只能将各阶段形成的档案分阶段地归档整理。

7.1.2 科研档案的特点

7.1.2.1 科研档案具有不确定性

科研档案在归档时间和归档范围上具有不确定性。科研项目成套档案产生于一系列的活动过程，科研项目的研究周期较长，加上科研活动的不确定性导致相应档案归档时间的不确定。科研项目的形成过程不是一个确定的过程。有的科研项目由于某些原因会中途搁置；有的科研项目在结题验收后就全部结束；有的科研项目在结题后会申请报奖，或者继续进行应用。这都造成了科研档案归档范围的不确定性。这些不确定性导致科研档案既不能像一般的文书档案那样按年度进行分类并归档，也不能像一般的科技档案如基建档案那样在项目完成后统一归档，科研档案只能依赖科研项目的发展过程，来分阶段归档。

7.1.2.2 科研档案具有专业性

科学研究范畴广泛，分为自然科学、社会科学、人文科学三大科学门类。在这些广泛且复杂的研究活动中会产生大量的科研文件材料。这些材料真实地记录了人们观察、探索和认识这些物质和现象的过程，以及这些物质和现象的性质、效能等内容。由于这些物质和现象具有不同的特点以及运动规律，导致与之相关的科研活动同样具有不同的特点以及运动规律。科研活动必须要根据所研究物质的特性来进行，因此具有很强的专业性。那么，记录这些科研活动的科研档案也具有很强的专业性。

7.1.2.3 科研档案具有现实性

一般的档案归档后主要是被用来进行历史查考。但是，科研档案却不同，由于科研活动具有继承性和连续性，因此科研活动需要对科研档案进行参考、借鉴和查证，所以科研档案具有较强的现实使用作用。科技的持续创新必将产生新的大量记录史料，既是新时期科技创新的真实记录，也是有序开展科研工作的基础，科研档案被规范、科学地整理和归档后，能够更好地发挥其使用价值，会提高科研决策和组织管理水平，对推广新技术成果、再创新研究、解决学术争端、维护科研人员权益以及编史修志、宣传教育等都具有重要的价值。

7.1.2.4 科研档案具有多样性

科研档案的多样性是针对其载体形式来说的。由于科研活动的多样性，导致其随之产生的科研档案的表现形式也具有多样性。纸质档案已不能对科研活动进行充分的记录，科研档案的载体还包括光盘、硬盘以及电子载体档案。新形式载体档案的整理、保存、复制和利用都与纸质档案不同，这都给进行档案管理的制度规范、人员素质和设施设备提出了更高的要求。

7.1.2.5　科研档案具有成套性

科研档案不是杂乱无章的众多文件的集合，而是根据因果关系来观察思考和事物的过程，是由因果关系所组成的有机整体。科研活动所要经历的阶段基本相同，但是任何一项科研活动的具体工作程序都是不尽相同的，科研人员为了接下来的工作和最后总目标的实现，都必须留存工作记录及相关材料，这些所有的材料共同构成了一成套科研档案。一般情况下，科研档案都由以下几部分组成：

（1）科研规划阶段材料。应包括国家或上级主管机关下达的长远规划、近期计划，以及本单位长期和近期的科研工作计划材料等。

（2）研究准备阶段材料。应包括调研报告，可行性研究报告，会议纪要和重要往来函件，项目经费申请报告及批复，任务合同书，实施方案，协议书，以及上级主管部门的批复文件等。

（3）研究阶段材料。应包括实验大纲，实验各阶段的原始记录、整理记录和报告，各种考察、野外调查的记录和分析报告，各种数据计算、整理和分析材料，各种图纸、照片、录像带、试验报告、阶段总结报告等。

（4）科研总结鉴定阶段材料。应包括科研成果总结报告，研究报告，项目经费执行情况报告及决算报告；专利申请材料及专利证书，查新报告，鉴定申请材料及成果鉴定证书，实施使用单位应用证明，论文，知识产权证明等。

（5）科研成果奖励申报和推广应用阶段材料。应包括科技成果奖励申报、审批及获奖凭证，成果推广材料和信息反馈材料，科研成果推广、转让协议书，以及科研成果在推广过程中形成的评价、建议等，以及成果宣传报道等文件。

各科研项目的主管部门都对各自项目的档案管理工作都做出了明确规定。如《国家科技重大专项（民口）档案管理规定》中要求的科技重大专项档案归档范围应包括以下内容：

（1）重大专项综合材料：重要文件，领导的重要讲话记录（录音），会议纪要，简报，评估报告，年报，通知通告，大事记，出版刊物，影像资料等。

（2）规划阶段：专项实施方案（含总概算和阶段概算）及相关材料，专项阶段实施计划（含分年度概算），专项年度计划（含年度预算），专项管理办法、制度等。

（3）申报立项阶段：年度指南，申报书，预算申诉材料，预算评审报告，申报立项评审材料（论证专家名单、专家承诺书、专家评审表、专家组意见等）及相关视频资料，立项批复（含预算），保密协议，任务合同书（含预算书）等。

（4）过程管理阶段：实验任务书、实验大纲，实验、探测、测试、观测、观察、野外调查、考察等原始记录、整理记录和综合分析报告等，各类协议、合同等，样机、样品、标本等实物，设计文件和图纸，计算文件、数据处理文件，照片、底片、录音带、录像带等声像文件，项目（课题）调整、变更材料，三部门监督评估报告，年度、阶段执行情况自评价报告、检查报告，专项阶段执行情况报告/专项阶段总结报告等。

（5）验收阶段：验收申请书，验收承诺书，验收通知，自评价报告及相关材料，科技报告，知识产权及其证明类材料，第三方检测、测试、评估报告，验收现场测试报告，成果产业化证明类，财务验收抽查报告及整改报告，审计报告及审计底稿、决算报告等财务相关资料，验收评审类材料（专家签到表、专家承诺书、验收意见等），验收结论书，产业化年度报告等。

（6）其他需要归档的重要材料。

7.2　科研档案的作用

科研档案的形成贯穿在整个科研活动的各个环节，它是科研活动全过程和产出成果的真实记录，是科学技术的一种存在形式，是重要的技术资源，在经济建设和社会发展中有着十分重要的作用。

要深入理解科研档案的作用，首先要认识到科研档案与科研活动之间的关系。科研档案是科学思想、科研成果的一种表达和存在形式，是积累科研经验的一种手段。科研档案是科研活动的实际反映，是科研活动的历史记录，是科研成果的一种载体或存在形式。科研经验的积累保证了科研水平发展的延续性，而积累科研经验的主要手段就是通过科研活动及其成果的真实历史记录，也就是科研档案。科研档案对科学技术的发展具有重要作用。科研档案的具体作用表现在以下几个方面。

7.2.1　科研档案是科学研究的重要依据

任何科学研究都应建立在一定的研究基础和根据之上，科研档案就是科研研究不可缺少的凭证和参考材料。当科研人员在准备开展新的科研项目时，都会查阅过往的相关科研档案资料，参考和汲取现有科研成果，为新的科研活动指明方向。当要进行科学预测和决策时，都必须拥有相关信息作为重要基础，完整的科研档案可为此提供坚实基础和依据，再经过分析和筛选，最后选择并制定出科学、合理，并具有价值的预测和决策。因此，科研档案是进行科学研究的重要依据。

7.2.2　科研档案是发展科学技术的基础和必要条件

科学技术发展是永无止境的，并且都是在前人研究的基础上提炼创新发展起来的。随着时代的发展出现了大量交叉学科，这些交叉学科在解决许多科学前沿问题和多年悬而未决的问题中都得了显著的进展。这些交叉学科在科学技术上是相互依存、渗透的，在研究中需要借助大量的前期基础研究资料，这时候完整的科研档案将会起到重要的作用。科研档案能够为科技发展提供根据和借鉴的基础。因此，如果没有科研档案，科学技术的发展就会根基不稳，会造成大量的重复研究、重复劳动，阻碍科学技术的发展。

7.2.3　科研档案是进行学术交流的重要工具

科研档案既是科研活动的记录，又是学术交流的工具。充分有效的学术交流可避免重复工作，这就要求科研档案管理部门做好科研信息的搜集和管理工作，避免因其原因造成选题不准、盲目申报的现象发生，最终影响科研人员的积极性。科研档案是具有经济价值的，可被进行有偿或无偿的交换。当科学技术作为商品进入技术市场被进行交换时，作为其载体的科研档案就地成为科技交流的重要工具。

7.2.4　科研档案的利用可以转化为生产力

科研项目的立项要结合经济的发展和市场的需要，所选题目要符合当前需要研究的基础理论问题和现实中的重要问题。研究成果将直接服务于有关部门，提供有力的科技支撑。对于科研成果的利用不是一次性的，而是可以重复利用的，以充分发挥其价值。通过开发科技档案信息资源，来拓展和深化档案利用工作，将科技资源广泛地应用于经济和生产部门。科研档案属于生产力范畴，这是科研档案的本质属性。科研档案可以将科学技术转化为生产力，这就要求科研主管部门重视科研档案的管理及应用工作，使其在科技生产中发挥其应有的作用。

7.3　科研档案管理的意义

科研档案管理是科研管理工作中不可或缺的一部分，发挥着推动科技创新、保护知识产权和实现科研成果效益最大化的作用。

7.3.1　有利于推动科技的创新

科研活动是一项创造性的活动，科研档案完整地记录了科研活动的整个过程，以及取得的科研成果。科研活动具有继承性和连续性，科研档案可为科研工作提供有力的支撑。科研人员了解和掌握前沿的科研动态需要完备科研记录和信息储备，以此来激发新想法、新理念的产生，为科技的创新提供原动力。因此，科技创新离不开系统、完备的科研档案。

7.3.2　有利于保护知识产权

科研档案长期的搁置会造成知识产权的流失，因此科研档案的管理过程也是知识产权的保护过程。对科研档案加强保护实质上也是对科研活动产生的核心技术、研究成果等的保护，保证了科研单位自主知识产权的管理处于可控状态，保证了知识产权人对科研成果的可转化和利用，避免科研成果泄露和丢失现象的发生，保障了科研人员的权益。

7.3.3　有利于实现科研成果效益最大化

科研档案的管理工作并不是只包括科研材料整理、分类和保管，主要目的是归档后科研档案的再利用，将科研成果进行推广实施，实现科研成果经济效益和社会效益的最大化。科研档案是连接科研与效益的纽带，新技术产生过程需要大量的科研数据和档案的作为基础；若新技术试验成功，还需要科研档案来为其推广和实施。因此，要实现科研成果经济效益和社会效益的最大化，系统、完备的科研档案发挥着重要作用。

7.4　科研档案管理现状

目前，有关科研课题的档案管理方面还存在诸多问题。主要表现在以下几个方面：

7.4.1　对档案管理工作不重视

科研单位以科研活动为主，存在重科研业务、轻行政管理的问题，普遍对档案管理工作不够重视。管理者忽视科研档案的现代化、高效化和智能化管理的需求，缺乏对科研项目检查、指导和约束机制，在科研档案管理上着眼局限，缺乏整体的规划，缺少部门之间的协调。主要表现在以下方面：科研单位科研领域专业化的特点明显，科研任务重，人员紧张，没有太多的精力顾及档案管理；科研单位的档案管理工作由非业务科室承担，处于科研管理活动的边缘；科研单位的办公场所主要为科研相关活动所占据，极少设置专门的档案管理部门，且档案室基本设施建设投入普遍不足；科研档案管理与其他科研管理部门相对独立，档案管理严重滞后于科研管理；普遍认为档案管理工作做到存放不丢失即可。

档案管理工作不能直接产生经济效益，以及没有充分意识到档案管理在科研工作中的重要作用，这都是档案管理工作不被重视的主要原因。科研档案同其他档案一样，同样是国家的宝贵财富。世界上发达国家对科研档案都是非常重视的，投入了大量的人力、物力和财力。《中华人民共和国档案法》颁布实施已有30余年，但由于对这项工作的普及程度不够，有些单位的领导并未予以足够的重视，特别是对于科研档案意识还比较薄弱。对科研档案工作的重视仍停留在口头上，没有充分认识到科研档案在科研工作中的地位和重要作用，因而制约了科研档案工作的开展。

7.4.2　缺乏严格的科研档案管理制度和规范

科研单位有关科研档案管理的制度和规范普遍缺失或不健全，导致科研档案的管理目标模糊和程序混乱。目前，科研单位普遍沿用多年老旧的档案工作制度及标准，这已不适合现阶段科研档案的归档要求，因而导致科研项目档案管理的不规范。

由于科研单位没有健全、严格的科研档案管理制度和规范，使科研档案管理工作无章可循、无法可依，科研档案管理比较随意。例如，科研项目执行者从项目立项开始就没有及时通知档案管理部门，在实施过程中，科研人员出于保密或者其他原因，私自保管自己的科研文件，不愿意存放到档案管理部门，这样做造成档案整理不规范，容易造成档案丢失，导致项目档案的不完整。即使有的档案移交到档案管理部门，但是由于管理人员对档案的价值和作用认识不足，缺乏专业知识，档案管理工作不到位，档案的时效性和完整性没有得到应有的保护。

7.4.3　档案归档文件资料不完整

作为档案管理工作的关键环节，档案收集工作直接影响档案整理、保管、分类、编研、检索和利用等各项工作。通常一个科研项目从前期调研、立项到最后的项目验收、成果鉴定，需要一年甚至几年的时间，对其相关档案管理中要注重日常的收集，否则容易因为时间跨度较大而发生文件资料收集不及时，保管不善，材料丢失等现象。再者，档案管理人员因对科研项目的认识程度不够，在收集资料时容易出现"数量多、质量低"的现象，收集项目表面上形式齐全，但普遍缺少技术核心内容和重要原始记录，有的甚至把不属于归档范畴内容也通通放入档案中，造成档案的查阅和参考价值不高。

7.4.4　档案管理手段落后

科研单位由于对档案管理工作的重视程度不够，以及档案管理手段的落后，科研单位基本还是采用传统的档案保管利用的办法。随着计算机和网络技术的迅速普及，无纸化办公已被广泛接受，办公文件直接通过电脑产生和传输。而在档案管理中，目前只是利用计算机来检索档案，在其他方面的利用率相对降低。因此，应提高科研档案管理信息化建设的质量，促进科研档案管理信息化建设的发展，进而提高科研档案的管理手段，加强科研档案的信息化程度。

7.5　科研档案的有效管理

7.5.1　科研档案的管理方法

针对科研档案的特点和管理现状，在科研档案的管理上要采取有效的管理方法。

7.5.1.1　科研档案的预立卷管理

预立卷是相对于正式立卷而言的，是部门立卷的一个重要环节，是归档部门在文件材料正式归档之前将其按规定类目预先分类、整理、存放的一个重要程序。

科研单位每年要承担大量的科研课题，这些科研课题从开始立项、实施到最后验收，研究周期一般在 1～2 年甚至更长的时间。研究过程中会产生大量的过程性文件，为防止档案散失或堆积，保证归档文件材料齐全完整，可采用预立卷管理的方法。通过预立卷管理，科研项目责任者或者业务部门立卷人员随时将这些文件预先编制的归卷条款归入相应的卷盒，预见性地做好平时文件材料暂存管理的工作。这样做可实现科技档案的超前控制，使科技文件的管理科学化和规范化。同时，还可提高档案资料归档的齐全率、合格率和完整率，保证了科技文件正式归档时的完整性和准确性，同时也满足了使用者快速查询利用的需求。

7.5.1.2　"双套制"档案管理模式

"双套制"档案管理是指通过电子和纸质形式对同一份文件加以鉴定、整理、保存和归档，且使同一份文件的两种版本都处于可存储和可利用状态。"双套制"档案管理是目前普遍采用的一种档案管理方式，它最大优点在于"双套制"兼有纸质档案和电子档案各自的优势，电子档案查询方便，纸质档案保障安全，因此"双套制"的优势主要体现在安全、查询方便、传阅面广等方面。但是，"双套制"档案管理中要注意建立有效的信息系统，保障档案管理的安全性、便捷性和高效性。

7.5.1.3 加强科研档案的过程管理

由于科研课题的研究周期较长，涉及面广、人员流动性大，导致研究过程中的科研材料收集不及时、不完整现象普遍存在。这就需要加强对科研档案的过程管理，将科研档案的形成、积累、整理和归档作为科研工作的程序中，作为科研工作的一部分，并列入相关部门和人员的职责范围。同时，档案管理人员要根据科研活动各阶段的特点，提出档案管理的工作要求，对科研档案实行监控。

7.5.2 科研档案有效管理的建议

7.5.2.1 档案管理与科研管理应同步

档案管理和科研管理同步进行，有助于实现各自管理目标，确保科研文件的完整、齐全、准确和有效，以此创造出最大管理效益。

（1）下达科研任务与科研文件归档应同步

从规划阶段开始，项目组织及管理部门要对专项的实施方案（含总概算和阶段概算）及相关材料、专项阶段实施计划（含分年度概算）、专项年度计划（含年度概算）、专项管理办法和制度、年度指南等材料进行归档。项目组科研人员应对与课题有关的调研、踏查、查阅资料等工作定期整理，分类归纳。

对申报立项阶段的申报书、论证任务书、论证实施方案、申报预算、预算批复、预算复审材料，相关的评审专家意见、打分表、修改说明，以及申报立项阶段的会议纪要、重要往来函件等文件电子版、签字盖章文件分门别类地及时做好科研档案收集工作。

（2）实施进度与科研文件材料形成应同步

在实施方案通过论证后，项目组与管理部门签订任务合同书，明确考核指标、年度或阶段计划。在实施过程中，要重视过程管理，对所有与科研活动有关的原始数据和文字都要保留，具体包括实验任务书和实验大纲，实验、探测、测试、观测、观察、野外调查、考察等原始记录、整理记录和综合分析报告等，设计文件和图纸，计算文件、数据处理文件、照片、底片、录音带、录像带等声像文件，样品、标本等实物目录等。过程管理中的档案管理的目的是切实维护科研活动的真实性、连贯性和系统性。

这就要求档案管理人员要时时关注项目进展情况，定期深入科研一线，仔细检查科研项目文件材料的形成、积累情况。督促项目组在实施阶段对所产生的实验数据、设计图纸、阶段小结等做好及时记录、及时整理，保证准确性及完整性，还要按照材料的类别、形成的时间、重要的程度建立台账，做好预立卷。

（3）验收、鉴定科研成果与验收、鉴定科研档案材料应同步

科研项目，例如水专项课题的验收分为任务验收和财务验收。任务验收包括示范工程第三方评估（仅适用于技术示范类课题）、验收技术审查和正式验收三个环节。其中，示范工程第三方评估和验收技术审查是开展正式验收的前提和基础。财务验收包括形式审查、财务审计和正式验收三个环节。这其中每一个环节都要提供相应的材料。此时要做到全面审查，发现问题立即整改，能起到事半功倍的效果。验收材料是对已完成的课题进行全面的绩效评价。所有材料要按照有关科研档案管理要求，办理归档手续，按要求进行移交。

（4）科研档案归档与科研成果推广管理同步

科研项目通过验收意味着完成了委托方的项目研究任务，但这只是整个研究工作的部分内容，所取得的成果也仅仅是阶段性的成果，还应包含科研成果的推广工作。科研档案的全面、完整能够有效促进科研成果的推广，进而为现实生产力创造更大的效益。

7.5.2.2　加强档案管理意识

（1）加强科技主管部门的档案意识

科技主管部门是科研项目的组织者和管理者，在科研档案管理上起主导作用。要加强科技主管部门档案管理意识，要认识到科研项目档案是国家科研经费产生的成果，是国家重要的科技信息资源和知识储备，科研项目档案的形成、积累、整理、归档是科研人员不可推卸的责任。要在科研项目管理过程中全面贯穿科研档案管理。

（2）加强档案管理参与人员的档案意识

单位的专职档案管理人员要珍惜科研活动产生的劳动成果，科研档案凝聚着科研人员的智慧和汗水。档案管理人员要增强工作责任心，重视档案收集、归类及保管，每份档案都要同等对待，对于一个科研项目档案中的某个阶段实验记录也许会成为今后某个科研项目的突破口及灵感来源。档案管理人员在完善的制度规范基础上，档案管理工作要贯穿于科研过程全过程中在科研项目实施之前，档案部门要认真核对相关资料，提出项目立档具体要求，确定立档的具体格式，制作出相关表格，并反复确认，避免问题疏漏，实施过程中按约定的立档要求完成归档。档案移交前，档案室要认真

核对实验档案，确保档案的准确性、真实性，档案移交要签字确认。

专职档案人员要适应档案管理工作的新模式和特点，不断提高自己管理技能，学习掌握先进的档案管理手段，尽快掌握现代化档案管理技术。加强与科研项目责任人及研究人员的沟通，利用各种机会向他们宣传档案制度，加深档案意识。

档案管理工作不只是专职档案人员的工作范畴，全体科研人员应共同参与，这样才能做好档案管理工作，并持续下去。科研人员是科研活动的参与者，从项目的立项，合同的签订到实验的操作，报告的撰写者，科研人员决定了每一份文件的完整性和准确性。科研人员要提升归档意识，明确科研成果档案是科研管理工作的重要内容，将科研成果档案管理纳入科研管理整体工作中，使其与项目管理、计划管理、信息管理以及成果管理相互紧密联系在一起，实行建档工作和科研工作的同步管理。科研管理人员、科研人员和科研档案管理人员都是档案管理人员，每个科研档案管理人员都必须高度重视此项工作，工作中认真执行，积极配合，共同做好科研档案的管理工作，以获得更好的社会效益。

7.5.2.3 制定和建立完备的档案管理制度

没有规矩不成方圆，没有制度管理就没有约束。要制定科研档案管理制度，并根据实际问题不断地更新和完善。通过完善制度，制定应急预案，做好安全督察，将科研档案纳入常态化管理。依据制度明确有关部门责任范围，确定相关人员的职责，坚持谁主管谁负责，各司其职、各负其责，及时移交归档管理。建立档案工作事前介入、事中参与、全程监督的适合科研项目管理模式的科研项目档案管理机制。科研档案规范管理要作为科研单位规范化运作、科学化管理、制度化服务的一项重要内容。

科研档案管理的目标是具有系统性、完整性、规范性、安全性、时效性和真实性。而长期积累是文档系统、完整、规范的基础。由于科研档案管理的收益需要时间的积累才能显现出来，所以科研档案管理工作总是被忽视。因此，在建立档案管理制度的同时，还应建立健全考核制度，加强对档案管理工作者的考核。考核机制要与薪酬、福利乃至个人发展联系在一起。还要制定针对科研人员有关档案工作的考核，以外力加强科研人员的档案管理意识。

7.5.2.4 加快科研档案信息化建设

随着我国信息化建设不断推进，信息技术广泛应用于各个领域，信息网络快速普及。档案信息化是档案管理提升的必经之路，它将档案管理模式从以档案实体保管和利用为重点，转向档案信息的数字化存储和提供服务为重心，从而使档案工作进一步走向规范化、数字化、网络化、社会化。档案信息化建设必须遵循三条基本原则，即文档一体化、双轨制和确保网络安全。

科研单位要加大对档案管理信息化的投入，加快建设大型的数据库和网络共享平台，充分利用计算机信息检索技术、网络技术等信息资源保护好原件，满足不同层次使用者对科研档案的需求，不断扩大区域共享和合作，逐步实现信息的数字化、检索自动化，利用网络化使信息接收、存储和提高利用一体化。利用信息化建设实现档案信息数字化，通过相关的技术以及媒介将信息提供给使用者，提升工作的效率及准确率，服务也更高效、快捷。科研单位要着重做好科研档案的资源开发和利用工作，充分发挥科研档案最大功效。

"科学技术是第一生产力"，科研档案是科学技术活动的真实记录，是制定科研规划和推动科研发展的重要条件，是一项重要的信息资源和知识宝库。科研档案工作的完成情况，关系着科学成果向现实生产力的转化情况。现阶段，我国总体的档案收集情况存在着诸多不足，有待提高完善。因此，在新形势下，科研档案工作者要增强档案管理意识，制定和建立完备的档案管理制度，加快科研档案信息化建设，探索科研档案管理新途径，努力提高科研档案管理水平。

参考文献

- 第1章 -

[1] 刘娜. 航天科研机构科技成果目标管理研究——以 B 院 D 研究所为例 [D]. 上海：上海师范大学，2014.

[2] 杨国梁. 美国科技成果转移转化体系概况 [J]. 科技促进发展，2011（9）：87-93.

[3] 潘慧. 部分发达国家科技计划管理经验对我国的启示 [J]. 广东科技，2011（21）：91-93.

[4] 郑剑华. 国外的成功经验对科技成果转化的启示 [J]. 海峡科学，2007（7）：24，35.

[5] 毛振芹，程桂枝，唐五湘. 部分科技发达国家科技计划项目的管理模式及启示 [J]. 武汉工业学院学报，2003，22（3）：100-103.

[6] 李志军. 强化政府科技经费管理 [J]. 科学与管理，2001，21（2）：26-28.

[7] 郭庆. 日本高校技术转移模式及其对中国的其实 [D]. 湖南：湘潭大学，2013.

[8] 王金龙，沈丽娜，王明秀. 国外科技成果转化的成功经验及启示分析 [J]. 生产力研究，2017（12）：103-106，112.

[9] 夏俊锁，翟俊卿. 澳大利亚大学科研成果市场化综述 [J]. 中国成人教育，2012（21）：125-127.

[10] 李蕴，李家军. 高等院校科研管理问题与对策研究 [J]. 西北工业大学学报（社会科学版），2007，27（2）：94-98.

[11] 唐明霞，朱海燕，袁春新，薛晨霞，王素宏. 浅谈科研管理与服务工作的做法、存在的问题及对策 [J]. 农业科技管理，2011，30（6）：28-32.

[12] 李阳，翟军，陈燕. 基于工作流的高校科研项目的立项管理 [J]. 信息技术，2006（2）：11-13.

[13] 孙新宇. 基于知识图谱的高等教育科研立项管理研究 [D]. 辽宁：东北大学，2012.

[14] 肖武. "十看"：科研课题结题评审标准 [J]. 工业技术与职业教育，2016（1）：90-92.

[15] 刘涛. 影响社科科研课题结题原因分析及对策探讨 [A]. 第 17 届管理科学与工程国际会议（第五卷），2010：334-337.

[16] 宋永杰. 科研项目全过程管理的思考 [J]. 中国科技论坛，2008（7）：16-20.

[17] 方勇，郑银霞. 全面质量管理在科研管理中的应用与发展 [J]. 科学学与科学技术管理，2014（2）：28-38.

[18] 侯祚勇. 加强新形势下科研项目的全过程管理 [J]. 科技与创新，2018（18）：98-100.

[19] 周娜. 浅谈科研院所财务对项目经费的全过程管理 [J]. 江苏农业科学，2010（4）：476-478.

[20] 宋永杰. 科研经费全过程管理的探讨 [J]. 中国科技论坛，2009（11）：3-7.

- 第 2 章 -

[1]　雷苏文，涂序珉．科研项目中期管理现状分析与对策探讨 [J]．农业科技管理，2009，22（3）：136-137，156.

[2]　崔克檐．项目管理在科研院所科研经费全过程管理中的应用研究 [D]．辽宁：大连海事大学，2014.

[3]　王炜，陈琳，李建军，伍玉洁，张勇．科研项目全过程管理的必要性分析研究 [J]．农业科技管理，2019，38（3）：27-30.

[4]　赵云龙．"一体两校"融合型高校科研项目过程管理研究 [J]．电大理工，2017（1）：56-58.

[5]　李国栋．科研项目过程管理探析 [J]．中国高校科技，2011（12）：24-25.

[6]　杨洪．高校科研项目管理存在问题及对策研究 [J]．高教学刊，2015（16）：105-106.

[7]　陈音．科研院所科研经费全过程管理模式探究 [J]．现代经济信息，2018（7）：251.

[8]　周亚丽．项目管理在科研院所科研经费全过程管理中的应用研究 [J]．科技经济导刊，2019，27（11）：179-180，134.

[9]　魏翠兰，董琳娜，欧一智，赖运生．浅议科研管理在科研活动中的作用 [J]．中国高校科技，2012（4）：32-33.

[10]　牛爱京，刘芸．加强科研管理促进院所成果转化 [J]．科技资讯，2017（32）：104-106.

[11]　张慧玉．关于高校科研档案管理的认识和思考 [J]．兰台世界，2013（4）：18-19.

[12]　张丽娟．基于过程管理的高校科研档案管理研究 [J]．云南科技管理，2017（5）：19-21.

- 第 3 章 -

[1]　庞国英．加强科研前期管理提高科研立项申报质量 [J]．成都气象学院学报，1999（3）：287-291.

[2]　闻玉梅．对科学研究创新性的浅见 [J]．中国科学基金，1994（1）：65-66.

[3]　张志清，凡艳，苏顺华．基于 SNA 的科研项目评审专家选择与回避策略研究 [J]．武汉理工大学学报，2016，38（3）：367-371.

[4]　宋永杰．科研项目全过程管理的思考 [J]．中国科技论坛，2008（7）：16-20.

[5]　张清彦．高校科研团队的建设研究 [D]．陕西：西安理工大学，2017.

[6]　科技部，关于在国家科技计划管理中建立信用管理制度的决定（EB/OL）．科技部门户网站，2004-09-03.

[7]　丘苑新．加强科研成果管理　促进高校科研工作上水平、出效益 [J]．科技与管理，2018（3）：48-50.

[8]　李薇，要彩萍，董继先．高校科技成果管理工作探析 [J]．技术与创新管理，2005（4）：36-38.

[9]　刘忠，关章军，刘鼎成，李明琪．加强科研成果转化率的研究 [J]．中国轻工教育，2009（S1）：164-166.

– 第 4 章 –

[1] 周新庆 . 高校科研经费财务管理现状探析 [J]. 行政事业资产与财务，2016（7）：69–70，63.

[2] 吴静慧 . 高校科研经费管理问题分析及对策研究 [J]. 中国管理信息化，2013，16（15）：4–5.

[3] 王晓颖 . 科学事业单位科研成本管理研究 [J]. 经贸实践，2016（8）：33–34.

[4] 李芸 . 高校科研经费财务管理研究 [D]. 安徽：安徽大学，2013.

[5] 杨双双 . 高校科研经费管理中信息化创新与构建 [J]. 财会学习，2017（11）：197–198.

[6] 乔志芳，冯妍 . 以信息化手段助推科研经费管理——以 × × 大学为例 [J]. 中国管理信息化，2014，17（7）：31–32.

[7] 王海红 . 高校科研经费信息化管理初探 [J]. 会计之友，2013（10）：119–121.

[8] 尹芳 . 科研事业单位资产管理问题研究 [J]. 中国管理信息化，2012，15（11）：3–4.

– 第 5 章 –

[1] 张伟立，张沛阳 . 高校科研经费管理问题成因及对策 [J]. 合作经济与科技，2018（11）：152–153.

[2] 崔萌萌 . 科研经费管理与审计研究 [J]. 中国经贸，2014（9）：281–282.

[3] 邓云程 . 高校科研经费绩效管理思考 [J]. 环球市场信息导报，2017（25）：41.

[4] 周新庆 . 高校科研经费财务管理现状探析 [J]. 行政事业资产与财务，2016（7）：69–70，73.

[5] 陈学春 . 关于科研项目经费使用中存在的问题和改进措施 [J]. 中国商论，2016（19）：159–160.

[6] 谭新艳 . 新会计制度下的科研事业单位财务管理 [J]. 财经界（学术版），2016（15）：258，366.

[7] 谭新艳 . 科研项目经费全过程动态管理模式探究 [J]. 财会学习，2018（17）：67，69.

[8] 周安安 . 非高校类事业单位科研间接费用管理及思考 [J]. 财会学习，2018（5）：28–29，32.

[9] 郑岚，曹林凤，李园园，等 . 关于高校科研项目间接费用分摊的思考 [J]. 现代经济信息，2013（13）：278–293.

[10] 王丽 . 高校科研经费绩效支出管理研究 [J]. 教育财会研究，2014（10）：30–33.

[11] 韩丽娟，陆学文 . 农业科研项目经费间接费用管理研究 [J]. 财会学习，2018（3）：35–37.

[12] 孙海臣 . 农业科研单位财政项目资金安全性管理的几点思考 [J]. 中国农业会计，2013（3）：10–11.

[13] 杨静 . 浅议如何科学合理的编制科研预算 [J]. 商业经济，2015（9）：123–124.

[14] 孙少茹 . 关于高校纵向科研经费预决算存在问题的探讨 [J]. 商业会计，2015（22）：39–41.

– 第 6 章 –

[1] 尹慧 . 浅析如何进行科研项目预算管理 [J]. 财会学习，2016（10）：47–48.

[2] 赵志勇 . 高校财政拨款科研项目全面预算管理体系研究 [J]. 会计之友，2015（11）：104–107.

[3] 汪俊.科研项目全面预算管理探析 [J].中国高校科技,2016(1):39–40.

[4] 潘洪祥.科研事业单位全面预算管理研究 [D].四川:西南财经大学,2013.

[5] 张雯,于津,傅少华,赵竹明.加强科研事业单位全面预算管理的建议 [J].物流工程与管理,2012,34(12):117–118.

[6] 朱丽华.全面预算在高校内部控制管理中的应用探讨 [J].会计师,2016(6):50–51.

[7] 刘赟赟.基于高校实践的全面预算管理系统设计研究 [J].会计之友,2019(5):87–90.

[8] 徐峰.资产管理与预算管理相结合的实践探索与思考——以温州市为例 [J].行政事业资产与财务,2017(7):8–9.

[9] 冯玲.科研单位无形资产管理存在的问题及对策 [J].桂林航天工业高等专科学校学报,2006(3):41–43.

– 第 7 章 –

[1] 秦建伟,陈正丽.从科研项目的动态发展过程谈档案的管理 [J].浙江档案,2008(8):48–49.

[2] 李蔚.林业科研电子档案的管理及利用探讨 [J].湖北林业科技,2014,43(4):68–71.

[3] 董一男.浅谈科研单位项目档案预立卷管理 [J].机电兵船档案,2017(5):64–65.

[4] 贾春兰.科技文件的预立卷管理 [J].管理观察,2018(21):75–77.

[5] 唐继武.档案管理"双套制"新模式浅探 [J].河北北方学院学报,2018,34(3):116–117.

[6] 冯艳.浅谈项目负责制下的科研项目档案管理 [J].黑龙江档案,2017(5):83.

[7] 陈晓霞.浅谈科研成果档案的管理方法 [J].机电兵船档案,2012(5):44–45.